女人好命密码

A WOMAN WITH GOOD LIFE

PASSWORD

问道◎编著

企业管理出版社
ENTERPRISE MANAGEMENT PUBLISHING HOUSE

图书在版编目（CIP）数据

女人好命密码/问道编著．—北京：企业管理出版社，2011.10
ISBN 978－7－80255－893－9

Ⅰ．①女…　Ⅱ．①问…　Ⅲ．①女性—人生哲学—通俗读物　Ⅳ．①B821－49

中国版本图书馆 CIP 数据核字（2011）第 199899 号

书　　名：女人好命密码
作　　者：问　道
策划编辑：杨亚琼
责任编辑：申先菊
书　　号：ISBN 978－7－80255－893－9
出版发行：企业管理出版社
地　　址：北京市海淀区紫竹院南路 17 号　邮编：100048
网　　址：http：//www.emph.cn
电　　话：总编室（010）68420309　发行部（010）68701638
编辑部（010）68701074
电子信箱：emph003@sina.cn
印　　刷：三河市南阳印刷有限公司
经　　销：新华书店
规　　格：170 毫米×240 毫米　16 开本　11 印张　150 千字
版　　次：2011 年 11 月第 1 版　2011 年 11 月第 1 次印刷
定　　价：29.80 元

前　言

摸透自身弱点，做更完美女人

每一个女人都像一本书，有着漂亮的封面，有着多义的内涵，有着让人怦然心动的内容，女人也像是一杯清茶，不仅有着温柔的涟漪，也有着让人荡气回肠的清香口感，女人更像是一幅山水朦胧的画作，有着清丽的色彩，有着深层的意境，让人一见便深深沉迷其中。

从古至今，许多女人用自己的智慧，勇敢和毅力改写了历史，在人类文明史上留下了浓墨重彩的一笔！替父从军的花木兰，为国捐躯的秋瑾，为革命胜利付出生命的江姐，许许多多的女性用自己柔弱的身体担负起了重大的职责，成为女性史上的奇迹！

在政界，女性也以独特的方式在影响着时代，以美貌和智慧并称的宋氏三姐妹，以铁腕著称的“铁娘子”撒切尔夫人，还有千禧年最伟大的女性——印度总理英迪拉·甘地夫人，她们的作为，已经抛开了弱者形象，以昂扬奋发的状态影响着这个世界。

在商界，很多女性也以自己的智慧创造财富，赢得了市场。雅芳集团的行政总裁钟彬娴、海尔集团总裁杨绵绵等，他们成就不仅成为女性的骄傲，更是华人成功的典范。

还有更多的女性，虽然没有惊天动地的成就，没有获得世人瞩目的辉煌，但是她们默默在为这个社会发光、发热。也许她们只是坚守着一份看似平凡的职业，也许她们是某个小小家庭里温柔贤惠的妻子，某个牙牙学语的孩子心里最温暖的怀抱，但是这是这么多的平凡，造就了一份不平凡的踏实与美好。

但是并不是所有的女人都是生活的宠儿，都拥有着极致美丽，都有着受人尊敬、推崇的地位。

有些女人的一生伴随着眼泪，痛苦，也包含着疼痛，压抑和伤心，战火当中的女人，在病痛和饥饿当中煎熬的女人。激烈的社会竞争，复杂的同事关系，职场当中潜规则，这些都成为很多女性痛苦的原因。同样是女人，生活在同一个世界，为什么会有这么大的差别呢？

翻开这本书，您就会有所收获。

这本书像一个温柔和善的老师，教给你怎样面对职场种种难题，怎样和领导相处，怎样和同事相处，作为新人怎样成熟心态面对工作，作为职场白领怎样获得晋升，这是一本职业妇女需要的工作秘笈。

这本书也像一位好朋友，告诉您作为女性可能面对的生活中的种种困扰，从怎样结交朋友到如何与男朋友相处，从怎样走出失恋阴影到怎样在人群中恰到好处地表现自己，由身体到心理，全面呵护你。

这本书也像一位智慧的长者，以他丰富的人生经验，教给广大女性朋友生活中的智慧，如果您在人生的路途中觉得有困惑，有茫然，这本书就是一盏明灯，为您照亮前方，让您的人生之路走得更加顺畅无阻。

这本书也是一位百事俱通的顾问，可以回答您所有的疑问，可以校正许多错误的观念，从健身到减肥，从职业的选择到跳槽前的准备，事无巨细，都可以给您最好的回答，帮您找到处理问题的最好办法。

给你最好的关心，给您最舒心的温暖，这是我们写这本书的初衷。从章节设置，到具体案例，我们希望尽可能贴近当今女性的工作生活，真正给女性朋友们以最体贴的提示与提醒。

目　录

第一章

洞悉自身的弱点：揭秘女人独有七大弱点

女人是柔弱的，从某个角度来说，女人处于弱势，是一个需要呵护的弱者。那么这是不是就证明了，女人无法与男性匹敌，永远需要依靠男性呢？答案是否定的。了解自己的软弱，就是坚强的开始！

为什么女人常常有不安全感

正因为女性自身的弱点，也因为男性的攻击性，使女性终生有一种潜在的不安全感，本能地需要男人保护。

在两性社会中，男性的整体态势呈进攻型，女性的整体态势呈防守型。

因为女性自身的弱点，使女性终生有一种潜在的不安全感，本能地需要男人保护，许多女性寻找伴侣以身强力壮为主要标准，正是想让丈夫当自己的“终身保镖”。如果说女人有‘100个不安全感，起码有99个来自男人。因而，女人需要的是一种最贴近、最直接的保护。

女人会希望男人为自己“效劳”。小到为她在冷风中披一件衣服，为她在深夜回来的家里留一盏小小的昏黄的灯，在炎热的夏天为她倒一杯沁人心脾的凉茶；大到在一个女人在面临人生的重大挫折时，男人能用自己的臂膀为女人分担人生不完美的片段。为什么女人无法面对这些生命中必然会来到的大大小小的创伤？

这就是女人的软弱之处！女人就是这样生活在怯弱当中，大多数女人都有一种不安全感。

不安全感，是一种根深蒂固的潜藏着的怯懦，一种不敢直面人生，不敢对自己负责的恐惧。如果没有怯懦，敢面对现实，很多偏见会如薄薄的雪见了烈日一样迅速消融。

完全实现成熟的女性，在自尊上不依赖他人。她期望别人了解她的价值，她将自己的观点表达出来，只是因为她崇尚自身的品质。

成熟的女性有足够的力量面对自己的不安全感，忍受由此衍生的焦虑，并坚忍不拔地克服它。这样就产生了深层的自我价值感。

从某一个角度上看，女人的很多苦恼的来源、人格不完美的原因都可以说是由于有无知和拙见的存在。而从另一个角度上看，我们也可以说，所有的苦恼和人格不完美都和不安全感有关。

成熟了，但也不能使女性摆脱所有的痛苦和不安全感。成熟者和不成熟者的区别，与其说在于她们从焦虑和抑郁中体验到痛苦的程度，还不如说在于她们从痛苦中迅速恢复的力量。痛定思痛，正确地看待一切，这种能力是成熟女性用以处理和克服失望”的武器。

要知道成熟女性在窘困的时候，接受自己求助的需要。既不过分依赖他人的庇护，也不刻意炫耀自己的独立。亟需之际，她不耻求援，同亲密者商量、讨论，而不是一意孤行。这是一种真正成熟的象征。

女人有时候会觉得缺乏安全感、内心充满嫉妒，有时候会紧张，有时候会讨厌看到别人成功。每个女人都有这种时刻，如果作为一个女性，你有过这样的体会，请不要慌张，这和女性原本的特点，息息相关。

明白这一点，每个女人都需要找出那些令自己没有安全感、嫉妒、紧张或产生恨意心理的原因，然后想办法解决。

在你找出自己缺乏安全感的来源后，必须订出一套行动计划。如果你非常介意自己没有某个学位，可以下定决心重回校园；如果你觉得自己某方面的经验不足，但又找不到可以弥补的途径，则可以通过当志愿者的方式获取相关的经验。

如果你很怕演讲，可以去上课。挑战自己是一种很棒的感觉，你会充满活力，对事情有正面的看法。你还可以找一个朋友或同事激励你。

玛丽在工作中非常的不自信，并且饱受失眠困扰，和同事相处十分不好，甚至有几次，她和自己的老板有了激烈的语言上的冲突。她对自己好朋友史蒂夫吐露了自己的苦恼，并告诉史蒂夫自己的一些真实的想法。如，在同事获得嘉奖时，自己内心的嫉妒，在某个同事的议案被否决以后，自己的幸灾乐祸，等等十分真实的心理。

她的朋友史蒂夫在认真了解了玛丽的想法以后，说服了玛丽参加3项全能比赛（游泳、单车与赛跑）。这3项比赛的目的是鼓励各年龄段的女性锻炼身体，并享受健康竞赛的好处的，许多女性跟玛丽一样，可能从没参加过运动比赛，但都很期待接受新的挑战。玛丽对于设定这样的目标感到非常兴奋，开始跟随教练训练。在突破一项又一项纪录以后，玛丽很真诚地感谢她的好朋友，因为一项简单的训练，不仅让她有了一种精神寄托，也让她发泄了自己潜在的压力，更重要的是，这样的训练，让她有了一种从内心开始产生的安全感。

对女性的这种不安全感，我们可以有一个相对科学的全新认识。

例如，一位女大学生可能害怕数学，因为在孩提时代她有一个很不好的记忆，那就是她的父母很喜欢要求她在亲戚面前表演“一口算”如果答对了，就会获得亲朋好友的掌声，如果错了，她不仅会被亲朋好友嘲笑，更重要的是，妈妈就会极度不高兴，所以，在后来，她对数字非常紧张。

进入初中以后，她又碰到了一位严厉的数学老师。

她的这种不安全感就来自数学。如果自尊感较弱者，她在后大半生会竭力避开数学及相关领域；但是，如果自尊感较强者，她可能试图克服这一障碍，但是很可惜，大多数人都会缴械投降，而女性投降的可能性更是大。

为了增加自己的安全感，你必须练习你所缺乏的技能。直到你成为个中高手为止。记住要充分表现、锲而不舍、不断练习、耐心期待。一旦你有安全感，你会达成惊人的成就。

胡乱猜疑是女人致命缺憾

美国心理学家曾对几千位离婚的男人做了调查，发现这些男人之所以离婚，很多是因为受不了老婆的神经质。老婆太过敏感，甚至有时候女人的无中生有、胡乱猜疑，未查明事情缘由就以自己的主观判断乱下决定，这是让男人最害怕的。

男人的心思很单纯，只要摸透他的心思，那么要老公一辈子守在你身边，也是再简单不过的事情。

可是很多女人都不懂这个道理，用一些笨拙的手段，反而逼自己的老公离家出走，甚至投入到另一个女人的怀抱中，而自己却在家里独守空房。

美国心理学家曾对几千位离婚的男人做了调查，发现这些男人之所以离婚，很多人是因为受不了老婆的神经质。老婆太敏感，甚至有时候无中生有、胡乱猜疑，未查明事情缘由就以自己的主观判断乱下决定，这是让男人最害怕的。

在现实的生活中，不仅是离婚男人害怕神经质的老婆，所有的男人都最怕发神经的老婆。这样的事情就发生在阿涛的身上。阿涛每次下班一进家门，老婆做的第一件事，就是走上前闻一下老公的身上是否有女人的味道。她还会很仔细地检查老公的外套，看有没有女人的头发。

刚开始，老婆在阿涛身上总能找到几根女人的长头发，因此判定他去偷吃，开始大吵大闹，也不听阿涛的解释：这可能是挤公交车时留下的头发，我真的没有做任何对不起你的事。

就这样，阿涛在外面都会特别小心，不要让别的女人的头发沾到自己的身上，在进家门之前也会自己先彻底检查一遍，看是否有可疑之物。时间一长，阿涛的身心疲惫不堪，根本不想回家了，夫妻关系日益恶化。

婚姻专家建议说，婚姻是建立在相互信任基础上的。爱发神经的女人对自己不自信，害怕老公离开自己。其实男人更需要女人的帮助，在前行的道路上更需要老婆的支持，男人冲锋陷阵的力量也往往来自对老婆的爱。不要做神经质的女人，要用女人的温柔给老公搭个温馨的家吧。

女人，有天生而来的一种特质，叫做“敏感”。敏感，敏锐而易感。女人的神经有如动物的触角般对外界事物有敏锐的洞察力，其实敏感是一种能力。然而，这种能力，把握的好，就是聪明。而过于敏感，就变成了多疑和猜忌。愚钝的女人不敏感，她可以在自己的单纯感受中幸福地度日。聪明的女人敏感，但懂得利用，她知道什么时候该精明，什么时候该“难得糊涂”，所以她可以支配自己的幸福。而那些过于敏感的女人，在猜忌中不快乐地度日，往往得不到幸福，也失掉了幸福的过程。婚姻是以感情为基础的，需要责任来维系，而要将婚姻经营得成功，彼此的信任是关键。既然选择了对方做爱人，那么委他以信任，其实就是信自己。用信任的眼光来看待彼此，用信任的心来理解彼此，你会享受一个平和甚至幸福的婚姻过程。相反，婚姻中，用猜忌的眼光来看待爱人，那么爱人身上便布满了瑕疵，用怀疑的眼光来看待婚姻中的行为，一切行为都扭曲，像是照了哈哈镜，婚姻已经不是本来的面目。

男人的心，容得善良，容得美丽，容得关爱，容得小脾气，容得小心眼，但容不得猜忌。猜忌让女人耗尽心机，让男人疲惫不堪。存有猜忌的家庭像是处处隐藏着导火索，不知何时一触即燃，结果两败俱伤，伤痕累累。女人，不如好好享受自己的婚姻，千万别用猜忌来试探你的婚姻。猜忌只是猜忌的时候，你虽庆幸，但同时失落了一份自信，一份他信，也失落了幸福的体验。猜忌，于婚姻中，似乎是一支助燃剂，它让稳固的婚姻出现裂痕，让和睦的家庭出现隔阂。猜忌，永远起不到挽救和弥补的作用。它只能加速状况的恶化。

所以，女人，切莫无端猜忌。婚姻很脆弱，经不起无尽的猜忌和试探。女人，猜忌莫若信任。信任，巩固家庭，亦会无声地挽救家庭。如若，足够的信任亦唤不回一颗逝去的心，那么不如放手，系一颗心在不值得信任的人身上，不值。女人，要幸福，就不要猜忌。猜忌，是婚姻中的魔鬼！

“歇斯底里”是女人的专属

“歇斯底里”症状实质上是一种自我保护的基本反应，这就像动物的“拟态”作用一样。当动物感觉到自身将要遭遇到危难时，就会改变自身的体色和形态，模仿他物，以保护自己的安全。

日本心理学家宫诚先生解释说，**“歇斯底里”症状实质上是一种自我保护的基本反应，这就像动物的“拟态”作用一样。当动物感觉到自身将要遭遇到危难时，就会改变自身的体色和形态，模仿他物，以保护自己的安全。**女性的“歇斯底里”症状也多发生在遇到危难之时，她们有意无意地通过种种异常的躯体动作来摆脱所面临的险境。

有一位男土，每天都出外应酬，饮酒作乐，抛弃家庭，冷落妻子，直到深夜时才带着醉意蹒跚归来。日子久了，其妻终于忍无可忍。某日夜里，当这位男士醉意浓浓地回家时，突然发现妻子双手已经痉挛，动弹不得，于是立即送到医院进行抢救，这才转危为安。很显然，这位妻子是由于过度气愤而产生了歇斯底里症状，而且症状还相当严重。但是从事情的另一面来看，这位妻子的歇斯底里症状，却在无形中唤回了丈夫夜游不归的心。

这种事例并不少见，妻子由于受到丈夫的冷落和忽视，结果在潜意识的驱使下产生了种种“歇斯底里”症状，以此求得自我保护，这与动物的“拟态”确实有不少相仿之处。

“歇斯底里”是一般女性独特的精神状态之一。虽然许多男性也可能有这种症状，但其症状的发作往往不如女性强烈而明显，女性每当发作时往往有不可收拾的结果：痉挛、休克、昏迷等。根据日本某学院教授官城英迷先生的说法：歇斯底里症状，其实是一种自卫的基本反应。就像动物的“拟态”作用一样，感觉到自身遭遇危难时，就会改变自身的体色和形态等，模仿他物，以保护自己的安全。一般女性凡是自身遭遇到某种危难时，很容易引起歇斯底里的症状，借以摆脱所面临的险境。

一般男性的歇斯底里都表现得十分模糊，男性的反应比女性迟缓。女性为了保护自己，出自本能的反应特别灵敏，这是一种无意识的反应，也是一种没有意图的表现。

有人想以说服的方法，纠正女性的歇斯底里症状，这是行不通的。即使费尽口舌、用最合理的方法和最精辟的理论进行说服，也无济于事，因为这种本能的反应是无法抹杀的。只有针对引发女性歇斯底里的主要原因，予以妥善的解决，才对避免发作和减轻症状有所帮助。

“这么晚才回来，你去哪儿了？气死人！”

看到丈夫微醉陶然地回来，马上尖起嗓门大叫，并顺手捡起拖鞋扔过去，如果他在大门口倒下去了，她就会抓起他的衣领，运用摔跤的方法拖进房间。万一在他口袋里发现了可疑女人的名片什么的，那就更有的瞧啦。

有的人表现方式还不这么“痛快”，可也另有一套功夫。好比第二天早上。

“我头有点儿痛，不想起来……”

于是他休想吃到可口的早点了。她以缄默进行“罢工”战术。女人们为什么常常这样歇斯底里呢？

原来，“歇斯底里”本是希腊语“子宫”之意，因此不必问为什么，我们也许应该承认那是属于女性特有的。一旦忍无可忍了，女人会觉得再忍受是件多么可怜的事，也觉得愤怒是理所当然的，内心发生连锁反应，转眼失去自我——这就是整个的心理过程。然而，真正的歇斯底里是指“欲求受到压抑，走入歧路，在自己身上发现出发泄外的症状”。

弗洛伊德认为“歇斯底里”就是“欲求，愿望之肉体转换”，又说是“以病为逃避”。同时，因为生病而获取不回婆家或免去考试的利益，放而还认为这是“无意识时里企图获得疾病利益的心理。”

现今的女性，已不同于往昔。地位增高，也更有自由，所以“歇斯底里”的病思较往昔大为减少。尽管真性“歇斯底里”减少，但呈现出“歇斯底里”症侯的女性，数量仍然很多。

女性的这些作为，都是一种缺乏风度的表现，不仅无法解决问题，也会是自己的形象一落千丈，所以说作为一个现代女性，有的时候，要学会控制自己的情绪，不要这样的歇斯底里。

女人如水，善变并不好

女人善变，这句话并没有错，俗话说：女人的心，秋天的云。对于男人来说，很难摸透女人善变的性格，女人的善变只是一种心理上的变化，并非像男人一样“朝三暮四”或者移情别恋。

女人善变，这句话并没有错，俗话说：女人的心，秋天的云。对于男人来说，很难摸透女人善变的性格，女人的善变只是一种心理上的变化。

“六月的天，女人的脸”，就是形象女人的善变，忽晴忽阴，忽多云忽大风，让人捉摸不定，让人莫名其妙。

女人心理及行为的变化往往具有隐秘性，潜在性和微妙性，就像无法预测的水起水落，因而再高明的“水文学家”也掌握不住女人的潮涨潮落，孰深孰浅，到了真象大白的时候，不是让男人笑掉大牙，就是让男人气破肚皮。

女人的属性是液体的。所谓“阿里山的姑娘美如水”那是指阿里山的姑娘柔情似水，而“水性扬花”这一成语听起来挺美但其含意就不那么令人欣然了。

人们之所以用“天上的云”这一形象比喻女人的心，是因为女人的心理变化如同天上的云彩那样变幻不定，或聚或散、或淡或浓，或隐或现，或远或近，轻若棉絮随风飘扬，重似山岩“压城欲摧……”

当女人说“是”的时候，也许心里是在说“不”。

有的女人经过 8 年的“持久抗战”，恩恩爱爱，正准备和心上人举行婚礼时，也许会意外地嫁给另外一个人；

当女人万念俱灰，抓起一瓶毒药就要一饮而尽的时候，她可能突然改变主意，感到这样死去太冤枉了；

当女人在百货店挑来拣去、比来比去、试来试去，终于选中了一件心爱的衣服时，突然想起没有征求母亲的意见、钱都交了父会把货退掉。

当女人拎着大包小包，手里捏着车票，已和恋人站在车站月台上时，她会突然觉得如此这般与他私奔太不值得了，而改变主意。

女人善变，男人也是一样。对男人来说，没有“变”就没有创造与革新；对整个社会而言，没有“变”就没有社会的进步和人类的进化。男人的改变往往是经过从感性到理性和从理性到感性的深思熟虑，因而男人的改变就比较有规律性，“变”成了一种思维的升华，每一次“变”几乎都是一次否定和选择，同时也是一种进步。男人决不会像女人那样“变”得难以捉摸，“变”得没头没脑，“变”得没有道理……为什么呢？其一是男人主观上要改变一种计划，一种设想，一个承诺，一个结论，一个观点，都是事先通过客观慎重的分析，因而这种“变”会促使男人更清醒、更胸有成竹，成功的可能性也更大。

而女人就不具备男人的这两大优势，她们的改变往往既不通过完整的认识过程进行得与失的分析，也没有完全自主的人格，而常常被一种莫明其妙的情绪所驱使。

有的时候，女人的变，也是一种美呢，那个男人会欣赏一个从头到尾都是完全一样的女人呢，合适的变，也是女人的一种保鲜秘方。

孤独是女人最可怕的敌人

孤独是女人最可怕的敌人，她们害怕自己会孤立无援，因此心灵也变得脆弱。当孤独的痛苦笼罩你时，你就应该面对它，看着它，不要产生任何想逃走的意念。如果你逃走了，你就永远不会了解它，它就会永远躲在一角伺机而动。

孤独，是一种常见的心理状态。孤独感在人的思想上、行为上的体现，有两种情况：一种是因为客观条件的制约，长期脱离人群的“有形”的孤独，比如远离人们生活中心的边疆哨所中的战士、长期坚持在高山气象观测站工作的科技工作者、长期游弋五洲四海的海员等。他们远离亲人朋友，在工作之余没有与更多的人相互交往的机会，没有丰富多彩的精神生活，不免有时感到寂寞，感到孤独。

一种是身处人群之中，但内心世界却与生活格格不入而造成的“无形”的孤独。这种孤独对人的伤害是十分严重的。一个长期被孤独感笼罩的人，精神受到长时间的压抑，不仅会导致自己的心理失去平衡，影响自己的智力和才能的发挥，也会引起人的心理上、思想上的一系列变化，产生诸如思想低沉精神萎靡，失去事业的进取心和生活信心。

5年前，马丽失去了自己的丈夫，她悲痛欲绝。自那以后，她便陷入了一种孤独与痛苦之中。“我该做些什么呢?”在她丈夫离开近一个月之后的一天晚上，她对朋友哭诉：“我将住到何处？我将怎样度过一个人孤独的日子?”

朋友安慰她说，她的孤独是因为自己身处不幸的遭遇之中，才50多岁便失去了自己生活的伴侣，自然令人悲痛异常，但时间一久，这些伤痛和孤独便会慢慢减缓消失，她也会开始新的生活——从痛苦的灰烬之中建立起自己新的幸福。

“不!”她绝望地说道，“我不相信自己还会有什么幸福的日子。我已不再年轻，孩子也都长大成人，成家立业。我孑然一身还有什么乐趣可言呢?”抱着这种孤独，马丽得了严重的自怜症，而且不知道该如何治疗。好几年过去了，她的心情一直都没有好转。

有一次，朋友忍不住对她说：“我想，你并不是要特别引起别人的同情或怜悯。无论如何，你可以重新建立自己的新生活，结交新的朋友，培养新的兴趣，千万不要沉溺在旧的回忆里。”她没有把朋友的话听进去，因为她还在为自己的孤独自怨自叹。后来，她觉得孩子们应该为她的幸福负责，因此便搬去与一个结了婚的女儿同住。

但事情的结果并不如意，由于她的孤僻，使她和女儿都面临一种痛苦的经历，甚至恶化到母女反目成仇。马丽后来又搬去与儿子同住，但也好不到哪里去。后来，孩子们只好共同买了一间公寓让她独住，但这更加重了她的孤独。

她对朋友哭诉道，所有的家人都弃她而去，没有人要她这个老妈妈了。马丽的确一直都没有再享受到快乐的生活，因为她认为全世界都在孤立她。她实在是既可怜，又可悲，虽然已年过半百了，但情绪还是像小孩一样没有成熟。

大多有孤独感的女人，并不是自己情愿离群索居、孤身独守的。她们有的是在坎坷难行的人生路上遇到了伤人肺腑的痛苦，因而或嗟叹人生艰难，埋怨命运刻薄，或痛恨世态炎凉，咒骂人心虚伪；有的是感到自己怀才不遇，知音难觅，得不到别人的理解，因而也不愿去理解别人，不如独处一隅，洁身自好；也有的是自己看不起自己，不相信自己，在人群中徒见别人风流潇洒、知识渊博，因而自惭形秽，悲观自己才貌平庸，才智低下，不敢也不愿意与人交往……境遇各有不同，其结果都大致差不多：把自己置身于孤独的控制之下，陷入无边的伤感之中。

在加州奥克兰的密尔斯大学，校长林怀特博士在一次女青年会的晚餐聚会里，发表了一段极为引人注目的演讲，内容提到的便是这种现代人的孤寂感："20 世纪最流行的疾病是孤独。"他如此说道："用大卫里斯曼的话来说，我们都是'寂寞的一群'。由于人口愈来愈增加，人性已汇集成一片汪洋大海，根本分不清谁是谁了……居住在这样一个'不拘一格'的世界里，再加上政府和各种企业经营的模式，人们必须经常由一个地方换到另一个地方工作——于是，人们的友谊无法持久，时代就像进入另一个冰河时期一样，使人的内心觉得冰冷不已。"

那些能克服孤寂的人，一定是生活在怀特博士所说的"勇气的氛围"里。无论我们走到哪里，一定要培养出与人们亲密的情谊关系。就好像燃烧的煤油灯一样，火焰虽小，却仍能产生出光亮和温暖来。

孤独是现代人的通病，也是现代文明带给人类的"文明病"。孤独是既不爱人也不被人爱的一种失重状态，是处于不关心他人也不被他人关心的人生夹壁，因此摆脱孤独的唯一方式在人而不在物，也即以爱人之心冰释不被人爱的人生尴尬。

在世界上，人是最需情感交流的。特别是女人，孤独是她们可怕的敌人。少女时期在无忧无虑的欢笑中一晃而过的，快的让人有些很难回忆。

在现实生活中，一个成年女人没有一个伙伴或知己是不足为奇的，许多女人都承认她们没有一个可以完全信赖和吐露心事的亲密无间的朋友。然而，她们之间的大多数又似乎都认为这种现象是正常的，可以接受的。有一位成功女性在谈到友谊时说："我真希望为自己找一个知心朋友。我有不少生意场上的朋友，但没有一个知己，我感到十分孤独。偶尔心血来潮，毫无缘由地打电话，结果也仅仅只是问个好，谈天说地的情况从来没有发生，因为没有这样的对象。"

在互相建立联系的过程中，女人们似乎自始至终都受着约束，她们不

愿意让别人知道自己的弱点—挫折、焦灼、失望。她们怕被人视为懦弱，表现得像只会一味怨天尤人的失败者，使他人对自己失去兴趣和尊重。同时，她们也不愿意与人分享自己胜利的欢乐，因为她们怕激起别人的竞争、嫉妒，或是怕表现出一种狂妄而被人指责。

内心世界的封闭使女人无法通过情感交流建立真正的友谊，友情的缺乏使现代人陷入一种强烈的孤独感。对于自己内心的感受，正如有的女人所描述那样："在这个世界里，我感到孤独、嫉妒、愤怒、紧张。"也正是这种孤独感和对他人的排斥感加剧了人类的情绪危机。

如何才能消除孤独感呢？

1. 克服自卑。由于自卑而觉得自己不如别人，所以不敢与别人接触，从而造成孤独状态。这如同作茧自缚，自卑这层茧不破，就难以走出孤独。其实，人与人之间不可相比，每个人都有长处和短处，一个人只要自信一点，就会钻出自织的茧，从而克服孤独。

2. 多与外界交流。独自生活并不意味着与世隔绝，虽然客观上与外界交流有困难，但依然可以通过某些方式达到交流的目的。如当你感到孤独时，可翻翻旧日的通讯录，看看你的影集，也可给某位久未联系的朋友写信、挂个电话或请几个朋友吃顿饭，聚一聚。当然与朋友的交往和联系，不应该只是在感到孤独时，要知道，别人也和你一样，需要并能体会到友谊的温暖。

3. "忘我"地与人交往。与人们相处时感到孤独，有时会超过一个人独处时的10倍。这是因为你和周围的人格格不入。例如，你到了一个语言不通的地方，由于你无法与周围的人进行必要的交流，也无法进入那种热烈的情感中，所以，你在周围热烈的气氛中会倍加感到孤独。因此，在与别人相处时，无论是什么样的情境下，都要做到"忘我"，并设法为他人做点什么，你应该懂得温暖别人的同时，也会温暖你自己。

4. 享受大自然。生活中有许多活动是充满了乐趣的，只要你能够充分领略它们的美妙之处，就会消除孤独。如有些人遇到挫折，心情不好，但又不愿与别人倾诉时，常常会跑到海边或空旷的田野，让大自然的清风尽情地吹拂，心情就会逐渐开朗起来。

5. 确立人生目标。现代人越来越害怕自己跟他人不一样，害怕在不幸时孤立无援；害怕自己不被人尊重或理解，这种由激烈社会竞争导致的内心恐慌，无疑使一些人越怕越孤独，心灵也越脆弱。要克服这种恐慌与脆弱，必须为自己确立一些人生目标，培养和选择一些兴趣与爱好，一个人活着有所爱，有所求，就不怕寂寞，也不会感到孤独了。

女人最需要的就是打开内心紧闭的大门，积极地与人交流沟通，撤掉一些自设的障碍，真诚地接纳他人，多了几个能推心置腹的朋友，你就少了几分孤独，战胜了可怕的孤独，就会有更多的人为你喝彩。

喜欢负重的女人会很累

人生的经历愈多，肩上的担子便会愈重，而此时，若不懂得停下来好好清理一下背包里的行李，那么，你的人生之路将会走得很艰难。喜欢背负重担的女人，会让自己活得很累。

你一定有过年前大扫除的经验，当你一箱又一箱地打包时，你是不是很惊讶？自己在过去短短一年内竟然累积了那么多的东西？

人生做事又何尝不是如此？在做事的过程中，每个人都是在不断地累积经验和知识，这其中也包括你的名誉、地位、财富、亲情、人际关系、健康、知识等等，当然也包括了烦恼、郁闷、挫折、沮丧、压力。在累积过程中，有的早该丢弃而未丢弃，有的则是早该储存而未储存。

许多人都喜欢房子清扫后焕然一新的感觉，当你拭掉门窗上的尘埃与地面上的污垢，把一切整理就绪之后，整个人好像突然得到了一种释放。其实，在人生诸多关口上，我们几乎随时随地都得“清扫”，读书、出国、就业、结婚、生子、换工作、退休……每一次的转折，都迫使我们不得不丢弃该丢弃的，尽管有些东西我们依然留恋不已，但不丢掉又会成为负担，会拖累你向前的脚步。

有一个叫朱怡的女人，是某公司的董事长。多年来，她始终坚持一个习惯：每个周六早上，利用别人不上班的时间，把自己的办公室彻底清理干净，连一张纸都不留。平常下班回到家后，她会在梳妆台前花一点时间，反省一天中发生的事，顺便计划明天该做的事。

朱怡很喜欢这种“向过去说拜拜”的清扫方式，把从前的自己做一个了结，然后，迎接一个全新的开始。

朱怡自创业以来，每年的业绩都是维持高增长。通常，人一站在高峰上，总是很容易得意忘形。朱怡却不是，她总是告诉自己“一定要让自己随时放空，重要的不是回头看，而是往前看，接下来的路该怎么走”。她知道，有一天假使风光不再，过去所有的辉煌都会一笔勾销。

从前认为不能丢弃的东西，并不保证自己会珍爱一辈子，不论是过去的收藏、衣服、品位、嗜好、成就、地位、财富，最后都可能不再属于你。

朱怡经常被人问及：“你事业做得那么好，如果在事业与家庭之间做一个选择，你要选择哪一样？”她总是毫不考虑地回答：“除了家庭以外，我什么都可以放弃。”

对朱怡来讲，回家就是最适合进行心灵大扫除的场所。她很反对一些人下了班之后到处找乐子，找地方狂欢，好像非得把所有的精力耗尽才罢休。她很怀疑，这样的人没有足够的休息，疲累没有得到充分的缓解，将如何面对明天的工作和生活？

外人看朱怡，生活井然有序，而且总是神清气爽。她说，这得归功于自己每天勤于做“内在清扫”，所以，已经没有留下什么值得烦恼的事了！

心灵清扫原本就是一种挣扎与奋斗的过程。不过，你可以告诉自己，这一次的清扫并不表示是最后一次清扫。并且，没有人规定你必须一次扫干净，你可以每次扫一点，但至少在目前，你必须立刻丢弃那些会拖累你的东西，只有这样，你的人生才会更有意义，你才有可能轻装上阵，否则只会葬送自己的一生。

别为失败找更多的借口

借口是人性中一个很隐晦的弱点，一旦让借口成为生活习惯，你的工作就会拖沓，没有效率。要成功，就不要为自己寻找借口，再妙的借口对于事情本身也没有丝毫用处，许多人生中的失败，就是因为那些一直麻醉我们的借口。

制造借口是人类本能的习惯，这种习惯是难以打破的。柏拉图说过："征服自己是最大的胜利，被自己所征服是最大的耻辱和邪恶。"当你面对失败之时，不要寻找借口，而应找出失败的原因。

一个人做事不可能一辈子一帆风顺，就算没有大失败，也会有小失败。而每个人面对失败的态度却不一样，有些人不把失败当回事，他们认为"胜败乃兵家常事"；也有人拼命为自己的失败找借口，告诉自己，也告诉别人：我的失败是因为别人扯了后腿、家人不帮忙，或是身体不好、运气不佳等。总之，她们可以找出一大堆理由。

在现实生活中，不把失败当回事的女人实在不多，而这种人也不一定会成功，因为如果她不能从失败中吸取教训。但不敢面对失败，老是为失败寻找借口，也一定不能获得成功。

小美是一位出生在书香世家的乖乖女，念初中时，小美开始显现出理弱文强的学习特点，成绩开始不稳定，到了高中，她的成绩便开始一路滑坡，恰在这个时候，她受朋友的影响爱上了美术，可是由于功课不太好，她的父母担心她因为画画耽误太多时间而进一步影响功课，于是，不太允许她去画室。后来高考失利，小美非常难过，再后来的几年里，找工作受挫，感情路上也受挫，小美觉得自己的人生几乎没有阳光灿烂的天气。

故事中的小美没有选择重新开始奋斗，而是选择了找借口，为自己脱离失败的泥潭。

从“父母没有发现发掘她的美术优势“到”“高考那天太热”等等都成为了她的理由。

小美获得了什么？什么也没有，她的人生还是没有任何改变，只是愿意静下来听她诉说的朋友已经是屈指可数了。

要成功，就不要给自己寻找借口。不要抱怨外在的一些条件，当我们抱怨的时候，实际上是在为自己找借口。找借口的唯一好处就是安慰自己：我做不到是有原因的。但这种安慰是致命的，它暗示自己：我克服不了这个客观条件造成的困难。在这种心理暗示的引导下，就不再去思考克服困难、完成任务的方法，哪怕是只要改变一下角度就可以轻易达到目的。

不寻找借口，就是永不放弃；不寻找借口，就是锐意进取……要成功，就要保持一颗积极的、绝不轻易放弃的心，尽量发掘出周围人或事物最好的一面，从中寻求正面的看法，让自己有向前走的力量。即使终究还是失败了，也能汲取教训，把失败视为向目标前进的踏脚石，而不要让借口成为我们成功路上的绊脚石！把寻找借口的时间和精力用到努力工作中来，因为工作中没有借口，人生中没有借口，失败没有借口，成功属于那些不寻找借口的人！

对于企业来说，这更是应该始终坚守的理念。企业需要没有借口的员工。有多少人把宝贵的时间和精力放在了如何寻找一个合适的借口上，而忘记了自己的职责和责任？寻找借口只是把属于自己的过失掩饰掉，把自己应该承担的责任转嫁给社会或他人。这样的人，在企业里不会成为称职的员工，也不是企业可以期待和信任的员工；在社会上不是大家可信赖和尊重的人。这样的人，注定只能是一事无成的失败者。

当自己犯下错误，或者自己毫无过错，而上司、同仁、家人、朋友、客户却有抱怨的时候，不需要去争辩，应当用心去听取，认真去反思为什么会出现这样的情况，反求诸己，有则改之，无则加勉。

失败了，不要把过多的时间花费在寻找借口上。再美妙的借口对事情的改变是没有用的。反过来说，面对失败，如果将下一步的工作做好了，转败为胜也不是没有可能，这样一来，借口也就没有意义了。在实际的工作中，我们每一个人都应当贯彻这种“没有借口”的思想。

借口是人性中一个很隐晦的弱点，一旦让借口成为生活的习惯，你的工作就会拖沓、没有效率。抛弃找借口的习惯，你就不会为工作中出现的问题而沮丧，甚至你可以在工作中学会解决问题的技巧，这样借口就会离你越来越远，而成功会离你越来越近。

一旦养成找借口的习惯，你的生活就会拖拖拉拉，没有效率，做起事来就往往不诚实。

女人不要过于在意外貌

长得美虽然可以给人留下深刻的第一印象，但是如果一个女人仅有美貌，却脑袋空空，别人在和她经过一段时日的交往之后就会觉得无趣。

很多时候，外表的美丑并不代表一切。长得美虽然可以给人留下深刻的第一印象，但是如果一个女人仅有美貌，却脑袋空空，别人在和她经过一段时日的交往之后就会觉得无趣。而有些女性虽然并非美女，但却非常吸引男性，因为她们谈吐优雅、举止端庄，具有敏锐的观察力、良好的人际关系，温柔、体贴等等，这些魅力与容貌无关，但产生的影响却远胜于美丽的外表。

尽管岁月会在女人的脸上刻下一道道皱纹；同时，它也会使女人成熟，别具风韵。最终令一个女人闪耀的还是她的思想，而不是她的容貌，有思想的女人才是一朵常开不败的花。花艳固然好，花香更让人回味无穷。

国际名模姜培琳从原本一个学运动心理学的幼儿园老师到成为世界知名模特，仅用了短短3年的时间。1999年~2001年，她分别获得了1999年上海国际模特大赛亚军和2000年中国十大名模排名第一的荣誉，继2001年后，她再接再厉，荣获2002年中国国际时装周最佳职业模特冠军。

谈到自己的这一系列荣誉，她并没有否定机遇和美貌的作用，“但是，这并不是全部。在模特圈拥有美貌的人太多了，而且现在评价美的标准也不一样。我的成绩一半是因为我认真。”但令姜培琳最开心的并不是这些成就，而是能够顺利地考上北京师范大学心理学的研究生，继续学习。用媒体的话说：“学习使她受益匪浅，正是因为内心的充实，才会让姜培琳看起来具有另一种耀眼的光彩。”

在现实生活中，有相当数量的女人只注意穿着打扮，并不怎么注意自己的气质。诚然，美丽的容貌、时髦的服饰、精心的打扮，都能给人以美感。但是这种外表的美总是肤浅而短暂的，如同天上的流云，转瞬即逝。而气质给人的美感是不受年纪、服饰和打扮局限的。**一个女人的真正魅力主要在于她特有的气质，这种气质对同性和异性都有吸引力**。这是一种内在的人格魅力。

孟子将内在美理解为“充实”、“充实之谓美，充实而有光辉之谓大”，人们如能“善养吾浩然之气”，就能不局限于有限的身体而腾跃到内心充实的境界。所以内在美比外在美具有无可比拟的深度与广度。

第二章

弄清女人性格弱点，为你赢得美好生活

怎样才能拥有一个完整、完美的人格，获得一份优质生活呢？这是每个女人都需要懂得的。

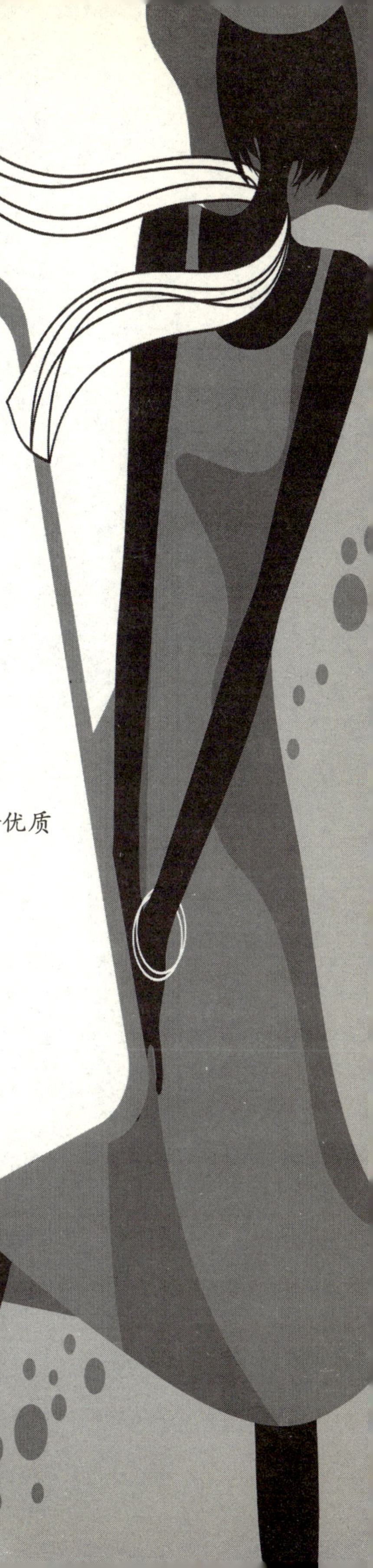

对于女人具备坚韧不拔的意志力尤为重要

意志力体现了一个人的情感和思想脉络。一个具有坚强毅力的女人必然是一个忠实于自己的言行、信念和情感的人。正是这些人坚持不懈地工作，才创造了巨大的社会价值。

具备坚韧不拔的意志和毅力对于女人来说尤为重要。然而，优良的意志品质不是天生的，而是在长期的生活实践中经过培养和教育形成的。

许多女性由于行动缺乏明确的目的性，易为他人的暗示所左右，易听信别人意见而改变自己的行动计划，对自己的行动缺乏自信心。

女性情绪情感丰富，感情细腻，富于内心体验和敏感性，容易因为一些小事而引起强烈的情感反应，特别对否定性质的情绪体验深刻，情绪的稳定性差，行为举止容易受心境的影响，使她们长时间处于被情绪感染的体验中；情绪情感的起伏性大，多种性质的情绪体验交错刺激，陷人情绪之中，被情绪所左右，容易引起内心的强烈冲突和矛盾。而且情绪体验深刻，容易受情绪的感染支配而感情用事。也正是由于女性的意志受情绪影响大，所以，其意志行为常常表现为冲动性、偏激性、无批判性等特点。

居里夫人以她顽强的意志和毅力获得了世人高度的评价。

当居里夫人发现镭元素后，动摇了当时一些流行的物理、化学经典概念和原理。但当时那些墨守成规的科学家，对此不予支持，反而表示怀疑，甚至进行攻击。其中一些人借当时镭的原子量还未能测定出来，就挑衅地说；“没有原子量，就没有办法证明这个结论的完全正确性，镭在哪里？拿镭出来给我们看看？”面对这一挑战，敢于创新的居里夫人没有退缩，决心用提炼出来的镭来回答这些“权威”。

然而，要从数吨矿渣中提炼出镭并测定其原子量是一项十分复杂而艰巨的任务，何况又没有基本的实验条件。困难重重，怎么办？居里夫人没有被困难所吓倒！没有铀沥青矿，就利用提炼钢之后的廉价的矿渣；没有象样的实验室，就用学校租给的一间破烂小屋；没有仪器，就用极其简陋的工具操作。她以百折不挠的意志，惊人的毅力，坚持着试验。居里夫人兼做学者、技师和工人。她一次必须加工20公斤的矿碴，要搬动那些很大的蒸馏缸，把滚烫的溶液从一个缸子倒进另一个缸子。尽管溶液刺鼻的蒸汽使她不停地咳嗽、流泪，但她必须像工人炼钢那样，用一根铁棍连续几小时在锅里搅拌化了的矿渣。就这样，不管是严冬酷暑，居里夫人都夜以继日地顽强地战斗在工棚内。经过45个月的艰苦劳动好几万次的提炼，终于从数吨沥青铀矿渣中提炼出0.1克纯镭，并初步测定出它的原子量为225。

在完成了这么一项伟大的工作以后，居里夫人平静地对采访她的记者说，我最重要的原则是：不要叫人打倒你，也不要叫事情打倒你。我的最高原则是：不论对人还是对任何困难，都决不屈服。

具备坚韧不拔的意志和毅力，对于女性成才更为重要，从生理上看，因为女性有行经、婚后妊娠、生育、哺乳等特征，工件中的连贯性、持续性不及男子，再加上女性更年期比男性反应强烈，必然给女性成才带来更多的男性体会不到的特殊困难。从心理上看，由于社会历史原因和生理特征差异，一般来说，女性意志力较薄弱，遇到巨大困难和挫折往往缺乏顽强的意志和坚韧精神。因此，女性要在事业上取得成功和发展，更需要有坚韧的意志和顽强的毅力。

女人脾气火爆令人厌

性格急躁的女人，当她发火时，周围的一切都有可能成为她的“出气筒”。如果你难以控制自己的脾气，就不要冒然行动，免得酿成不堪设想的恶果。

一个女人性格暴躁的最直接表现就是非常容易愤怒，愤怒是一种很常见的情绪，特别是年轻女孩儿。她们往往三两句话不对，或为了一点小事情就大发雷霆造成十分严重的后果。

愤怒是一种很正常的情绪，它本身不是什么问题，但如何表达愤怒却是一门技巧，也是一门学问。有效地表达愤怒会提高我们的自尊感，使我们在自己的生存条件受到威胁的时候能勇敢地战斗。

但是，如果因为脾气暴躁，经常发火，不仅是强化诱发心脏病的致病因素，而且会增加患其他病的可能性，是一种典型的慢性自杀。为了确保自己的身心健康，必须学会控制自己，克服爱发脾气的坏毛病。

能否有效地抑制生气和不友好的情绪，使自己更融恰他人呢？这主要在于依靠自己的修养，当然亲人及朋友的帮助与劝慰。实验证明：在行为方式有所改善的人中，死亡率和心脏病复发率会大大下降。为了控制或减少发火的次数和强度，必须对自己进行意识控制。当愤愤不已的情绪即将爆发时，要用意识控制自己，提醒自己应当保持理性，可进行自我暗示："别发火，发火会伤身体。"

有涵养的女人一般能控制住自己。同时，及时了解自己的情绪，还可向他人求得帮助，使自己遇事能够有效地克制愤怒。只要有决心和信心，再加上他人对你的支持、配合与监督，你的目标一定会达到。

一般来说，性格暴躁的女人情绪不稳定。她们往往容易激动。别人的一点友好的表示，她们就会将其视为知己；话不投机，就会怒不可遏。多疑，不信任他人。暴躁的女人往往很敏感，对别人无意识的动作，或轻微的失误，都看成是对她们极大的冒犯。自尊心脆弱，怕被否定，以愤怒作为保护自己的方式。有的人希望和别人交朋友，而别人让她失望了，她就给人家强烈的羞辱，以挽回自己的自尊心。这同时也就永远失去了和这个人亲近的机会。

性格是一个人文化素养的体现。大凡有文化、有知识、有修养者，往往待人彬彬有礼，遇事深思熟虑，冷静处置，依法依规行事，是不会轻易动肝火的。而大发脾气者，大多是缺乏文化底蕴的人，她们似干柴般的暴躁性格，遇火便着，任凭自己的性情脱缰奔驰，直至撞墙碰壁，头破血流，惹出事端。

易暴躁的女人，提高自己的素质修养刻不容缓。

1. 承认自己存在的问题，请告诉你的配偶和亲朋好友，你承认自己以往爱发脾气，决心今后加以改进。要求他们对你支持、配合和督促，这样有利于你逐步达到目的。

2. 保持清醒，当愤愤不已的情绪在你脑海中翻腾时，要立刻提醒自己保持理性，你才能避免愤怒情绪的爆发，恢复清醒和理性。

3. 推己及人把自己摆到别人的位置上，你也许就容易理解对方的观点与举动了。在大多数场合，一旦将心比心，你的满腔怒气就会烟消云散，至少觉得没有理由迁怒于人。

4. 诙谐自嘲，在很可能一触即发的时刻，你还可以用自嘲从危机中解脱出来。“我怎么啦？像个 3 岁小孩，这么小肚鸡肠！”幽默是卸掉发脾气的毛病的最好手段。

5. 训练信任，开始时不妨寻找信赖他人的机会。事实会证明：你不必设法控制任何东西，也会生活得很顺当。

6. 反应得体，受到残酷对待时，任何正常的人都会怒火中烧。但是无论发生了什么事，都不可放肆地大骂出口。心平气和、不抱成见地让对方明白，他的言行错在哪儿，为何错了。这种办法给对方提供了一个机会，在不受伤害他人的情况下解决问题。

7. 贵在宽容，学会宽容，放弃怨恨和报复，你随后就会发现，愤怒的包袱从双肩卸下来，显然会帮助你放弃错误的冲动。

一位哲人说：“谁自诩为脾气暴躁，谁便承认了自己是一名言行粗野、不计后果者，亦是一名没有学识、缺乏修养之人。”细细品味，煞是有理，“腹有诗书气自华。”愿我们都能远离暴躁脾气，做一个有知识、有文化、有修养的女人。

女人要不得虚荣心

虚荣是人性中的恶劣面和缺陷。女人的虚荣心就像一个个色彩斑斓的肥皂泡，它随时都会破灭，让你离成功越来越远。

爱慕虚荣的女人总是为了所谓的“面子”出卖自己，她们活在别人的价值观里。虚荣心好像一只被吹起来的气球一样，总是希望越吹越大。可见，虚荣心具有一种强烈的渴求的力量。求而得之，则满足快乐；求而不得，便苦恼愁闷，便寻求新的获得途径。

而虚荣心则是通过炫耀、显示、卖弄等不正当的手段来获取荣誉与地位。虚荣心很强的人往往是华而不实的浮躁之人。这种人在物质上讲排场、搞攀比；在社交上好出风头；在人格上很自负、嫉妒心重；在学习上不刻苦。

虚荣心最大的后遗症之一是促使一个人失去免于恐惧、免于匮乏的自由。因为害怕羞辱，所以不定时地活在恐惧中，经常没有安全感，不满足。

从近处看，虚荣仿佛是一种聪明；从长远看，虚荣实际是一种愚蠢。虚荣者常有小狡黠，却缺乏大智慧。虚荣的人不一定少机敏，却一定缺远见。

虚荣的女人是金钱的俘虏，虚荣的男人是权力的俘虏。太强的虚荣心，使男人变得虚伪，使女人变得堕落。

虚荣是人性中一个很大的恶劣的缺陷，也是一种葬送人生的缺点，为了表面光鲜，挖空心思地让自己“好看”。

虚荣是一件很危险的事，有时甚至能将人引入绝境

1999年，杨丽考取了北京一所名牌大学的经济管理系。杨丽刚进大学的那些日子想着家里的经济困窘，父母的操心劳累，只顾埋头学习，一心

想用优异的学习成绩来报答父母。她成了全系几百名同学中的佼佼者，还获得了为数不算太多的一笔奖学金。然而，当她穿着简朴的衣服出现在那些时髦、阔气的同学面前时，她自惭形秽。

同宿舍里有个叫李杰的女孩，思想很开放，常常对她说，你这么漂亮，应该趁着年轻赶快捞钱。李杰一般下午下课了就出去，很晚才回来，周末还不回来。每次她回来总会买许多零食给大家，但是同学们仍很鄙视她。

李杰有一次对她说："你需要钱吗？学坏呀！你没听说女人一变坏就有钱了吗？其实女孩挣钱是很容易的，傍大款，既潇潇洒洒地享受了，又没耽误挣钱。"

她知道李杰不是开玩笑，可那些话在她听来还是非常刺耳。

这一年的暑假，杨丽没有回家乡去，而是按照李杰的介绍到一家歌舞厅去打工。她从客人们的眼中真正体会到了女孩子漂亮的价值。简直不费吹灰之力，钱就挣到手了。她开始"出卖"自己。那些所谓的廉耻和贞操，在金钱的面前是那样苍白无力和不堪一击。

她第一次从一个有钱的50多岁的老头儿那里挣了一笔钱。从此以后，杨丽穿名牌，配手机，她的虚荣心终于得到了满足。

3个月后，杨丽因卖淫和涉嫌敲诈勒索罪被逮捕了。杨丽因为与人盲目攀比而身心堕落，直致落入法网，让多少人为之摇头叹息？一个正值青春妙龄的女大学生，如果不是虚荣，不与别人盲目攀比，怎么会毁了自己的一生？

虚荣是一件很可悲的事，为了所谓的"面子"出卖自己，更是不值！对一个人来说，最重要的是走好自己的路，实在没有必要为了虚荣而与人攀比。

一个女人活在别人的价值观里就会变得虚荣，因为太在意别人的看法就会失去自我。其实每个人都应当为自己而活，追求自我价值的实现以及自我的珍惜。

如果你追求的幸福是处处参照他人的模式，那么你的一生都会悲惨地活在他人的价值观里。

其实作为女人应该明白，获得幸福的最有效的方式就是不为别人而活，不让别人的价值观影响自己。

过分依赖将会自食恶果

依赖作为对生命的一种束缚，是一种寄生状态，而这一性格似乎成了女人的一大致命伤，最终使她们被现实无情的吞噬掉。其实人生的风风雨雨只有靠自己去体会去感受，任何人都不能为你提供永远的庇护。

具有依赖型人格的女人一般十分温顺、听话，可能会引起人们的好感。但时间长了，这种黏着性依赖就令人厌烦，因此她们很难处理好人际关系。依赖型人格常缺乏自信，显得悲观、被动、消极，在人际关系中总处在被动位置。

从心理学角度看，依赖心理是一种习以为常的生活选择。当你选择依赖时，就会使你失去独立的人格，变得脆弱、无主见，成为被别人主宰的可怜虫。

依赖心理也并非是一种顽症，而是可以逐步克服的。树立独立的人格，培养独立的生存能力，是克服依赖心理的首选目标。

女人为什么经常会有依赖心理?

人们经常发现，很多女人如果不按照别人所拟好的预定活动表，就不能一个人单独去活动。这可能有几个理由，其中最根本的原因就是，女人一般不擅长思考问题。

有许多女性悲剧的事例表明，她们悲剧的产生就缘于这种依赖心理。女性的依赖心理如果得不到及时有效调整与适应，将会产生不良结果。因此，女性在青年时期就应该清楚地认识到依赖心理的危害性，加强自我独立性，减轻心理负担，以便顺利度过人生全部阶段的生活。

一些女性自立生活能力差，成人后不会自学和自由安排时间，不知道该学什么或应该参加哪些活动。而一些刚参加工作的年轻女性，对自己所从事的工作无从下手或手忙脚乱，理不出头绪。她们缺乏“自我分析”、“自我评价”、“自我调整”、“自我完善”的能力，因而在学习和工作中不是盲目清高，就是自卑哀叹。

依赖心强的女人对大千世界中的是非、善良、美丑的分辨能力极差，在社合上极易上当受骗。并且很容易造成人际交往能力的缺乏。

依赖心理重的女性一般是“以自我为中心”者，任何时候，都想着让别人关心体谅自己，稍不顺心就不高兴或发脾气，久而久之，同学、同事、朋友就会疏远她。

依赖心理大的女性由于心理承受能力弱，适应性差，往往对于新的环境不能适应，无论是学习、工作、人际、气候、生活习惯等微小的变化，都会影响他们的情绪，从而产生心理障碍。

幸福的女性往往是自立、自由的女性，做幸福女人，首先要克服严重的依赖心理。而女性克服过分依赖心理，主要以自我调适为主。

要纠正平时养成的依赖习性，提高自己的动手能力，多向独立性强的人学习，不要什么事情都指望别人，遇到问题要做出属于自己的选择和判断，加强自主性和创造性。学会独立地思考问题，独立的人格要求独立的思维能力。

要把自己产生依赖心理的原因找出来。

如果是家庭原因而不是你自己的懒惰所造成的，那么从现在起，就向你的老公或父母正式宣布，你要改变你的依赖行为，希望他们能够理解并支持你，他们一定会欣喜你的改变。他们不会再事事替你操心了，有些事情你就必须自己去面对了；如果是你的懒惰所造成的，那么你可要认识到，懒惰将使你一事无成。所以你必须不怕吃苦，改掉懒惰不爱动手的恶习。

只有你的自信增强了、知识积累了，才能对自己的未来有更多的把握，对生活的勇气也会倍增。

开始尝试独立自主地解决自己所面临的困难。

不要一遇到困难就请求别人帮忙，要自己去解决。失败了，作为教训，以后就知道该如何做。独立自主往往是在失败了第一次之后学来的。

将经验积攒下来，你就有了对付生活难题的把握，而不用去依赖别人，也不会产生无助感。

人生的风风雨雨只有靠自己去体会去感受，任何人都不能为你提供永远的荫庇。

自以为是的女人会令人反感

自以为是的女人是不可能成就什么大事的，她只能失去别人的好感，使自己陷入孤立的境地。

一些女人也许在某个地方读了点什么，立刻表现出对这件事好像无所不知的样子，即使在内行面前，也无所顾忌，不断地夸大其词，自圆其说。这样的女人自以为无所不知，其实在别人面前，至少在内行人面前是非常无知和浅薄的。

迪娜研究生毕业，她对投资的事最在行，而且对于相关的研究也投注了全部的心力。然而，却是李红在支配整个会议。事实上，李红对各种基金表现所持的论调根本就是一派胡言。为赢得听众的注意力，李红说起话来，就没有人能让她停下来。

“李红，”迪娜抗辩着，“这些基金是……嗯，如果你看看它们过去的表现……”她努力想提出资料，但是却不知道要怎么做才能及时制止。

“迪娜，如果你有这类问题，或任何其他问题，请尽管问！”李红一秒也不停地说，然后再对那些着了迷的观众说道，“我完全了解你们的需要。当然，选择正确的投资对我来说是易如反掌的事！是呀，简直不费力气！实际上，我还有点乐在其中呢！你们知道吗？我就是有这种天分。而且，这些基金我已经注意了好多年了，表现棒极了。相信我，绝没有错！”迪娜从她的话中就可以知道，李红对这些基金一无所知。然而每个人都随着李红肯定的说辞而热情起舞。没有人知道连李红自己都根本不知道自己在说些什么。

像其他的自以为是者一样，李红的行为偏差源于她想获得别人的赞许。要是她觉得遭人轻视，她很可能会增加筹码，比以前更加卖力地表演，吸引别人的注意力。自以为是者的行为也是很坚定的，她们会毫无顾忌地强行打断并插入别人的谈话，这一切对于自以为是者而言，就犹如聚光灯之于演艺人员。

你一旦在生活中扮演了自以为是的角色，你就很难再接受别人的意见，你或许总以为别人是同意你的说法的。比如，你与听者也能很快地建立起共识。其实，这只不过是你一厢情愿的错觉罢了，这种共识只存在于你自己的心中。

自以为是的女人是不可能成就什么大事的，她只能失去别人的好感，使自己陷入孤立的境地。也许在开始的时候，不知详情的人们对她的口若悬河还蛮有兴趣，或者坚信不疑跟着起舞。但一段时间过后，人们就会发现，这个女人只不过是个喜欢让人注意的大嘴巴，愚蠢而又浅薄。

一个自以为是的女人最终只会陷入更深的孤立，更大的失败。成大事的女人要剔除内心的虚荣，承认自己的无知，用“知之为知之，不知为不知”赢得别人的好感，以争取成大事的机会。

悲观的女人生活一团糟

悲观的女人认为自己的天空每天都是灰色的，她们总是为不期而遇的意外而烦恼，甚至大失所望，结果让自己的生活变得更糟糕。

有些人遇到这些失意时，觉得世间一切都不尽如人意，忧郁不安，悲观自怜，结果更加失意，以致失去了人生的幸福和欢乐。

沮丧情绪常常会扩大生活的不幸。有的人在沮丧中形成了对他人冷漠的态度，认为这样可以报复别人，其实这样不但无助于事情的解决，还会进一步损害自己。因为这样做，无论在肉体上、精神上都将进一步影响自己的情绪，使自己无法坚强地面对现实。事实上，沮丧是一种常见的情绪，很难引起人足够的重视，但我们不能不注意这个细节：不要因沮丧而扩大生活的不幸。

每一个女人，对于不幸带来的沮丧，不要一味地自怨自艾、怨天尤人，而是振作起来，采取勇敢的态度、奋进的态度去直视它、面对它，以积极乐观的精神去征服它。

如果你见过张璨，如果你知道她的人生经历，你一定会感到十分惊讶，这样一位年轻美丽，脸上还留有一股学生气的女士，竟然拥有那么多令人羡慕的财富，而她的经历会更让你惊讶。在中学时代，到北大读书成为张璨最大的梦想。但是由于第一年高考的失利，她被东北的一所大学录取。张璨不愿意放弃自己的梦想，选择了再考一年，终于在第二年，她跨进了北大校门。

张璨在五彩缤纷的校园中自由地呼吸，她还是各种活动的积极分子，20 岁时她不但赢得了大学生演讲比赛的冠军，还当上了学生会文化部的副部长，繁花似锦的未来已经在张璨面前铺开。

可是，大学 3 年级的一天，张璨的父亲接到一封北大的来信，让他到学校谈谈。原来，他那个从小到大都是好学生，都是学生干部的女儿，竟被北大注销学籍了。“把孩子领回家吧。”校方对她父亲说。

张璨当时是北大学生会文化部副部长。但她突然被注销学籍了，全北大唯一一个！原因是有人举报，3 年前她曾考上了某大学但没去，第 2 年又考上北大。按当时规定，有学不上的考生必须停考一年。

如果换作别人，可能就会一脸沮丧。但是张璨没有哭，反而是勇敢地留了下来。

张璨说：“我不停地写申诉资料，找人谈话，上访，国家教委、人民日报社、团中央我都去过，一直折腾到毕业。”

唯一一条路就是考研究生，才能拿到一纸文凭，但学校不出证就没法考。“我当时真想跪下来求他们，给我一个证明吧，让我考！为什么人都那么心硬呢，怎么就那么不通人情呢？在我最无助的时候，幸亏有周围同学的帮助和关心，否则，我真会变得绝望、消沉，把社会看得很坏，把心里那点儿美好的东西统统打碎……”

张璨的毕业纪念册上，同学们给她留下这样一行赠语：“与众不同的经历，造就与众不同的道路。”

每个人都会遇到不幸，甚至是灾难，但是不幸和灾难本身并不可怕，可怕的是有很多女人在不幸中变得悲观沮丧、冷漠、偏执、不信任人。

20世纪的女作家张爱玲的一生完整地注释了悲观给人带来的负面影响是多么巨大。

张爱玲一生聚集了一大堆矛盾，她是一个善于将艺术生活化、生活艺术化的享乐主义者，又是一个对生活充满悲剧感的人；她是名门之后、贵族小姐，却宣称自己是一个自食其力的小市民；她悲天悯人，时时洞见芸芸众生“可笑”背后的“可怜”，但在实际生活中却显得冷漠寡情；她通达人情世故，但她自己无论待人穿衣均是我行我素，独标孤高。她在文章里同读者拉家常，但却在生活中始终与人保持着距离，不让外人窥测她的内心；她在20世纪40年代的上海大红大紫，几十年后，她在美国又深居简出，过着与世隔绝的生活。所以有人说：“只有张爱玲才可以同时承受灿烂夺目的喧闹与极度的孤寂。”这种生活态度的确不是普通人能够承受或者是理解的，其实张爱玲的这种生活态度源于她始终抱着一种悲观的心态活在人间，这种悲观的心态让她无法真正地融入生活，因此她总在两种生活状态里不停地左右徘徊。

张爱玲悲观苍凉的色调，深深地沉积在她的作品中，使其作品产生了巨大而独特的艺术魅力。但无论作家用怎样流利俊俏的文字，写出怎样可笑或传奇的故事，终不免露出悲哀。那种渗透着个人身世之感的悲剧意识，使她能与时代生活中的悲剧氛围相通，从而在更广阔的历史背景上臻于深广。

张爱玲所拥有的深刻的悲剧意识，并没有把她引向西方现代派文学那种对人生彻底绝望的境界。个人气质和文化底蕴最终决定了她只能回到传统文化的意境，且不免自伤自恋，因此在生活中，她时而在世俗的喧嚣中沉浸，时而又陷入极度的寂寞中，最后孤老死去。

张爱玲的悲剧人生，让我们看到了悲观对一个人的残害是多么惨重。现实生活中，不止文豪有这样的悲观情绪，平常的人也会经历这样的心情。

一个沮丧悲观的人老待在屋子里，便会产生禁锢的感觉。然而，当她离开屋子，漫步在林阴大道，就会发现心绪突然变了，忧郁和沮丧也消失了，心中充满了宁静，自然的色彩给人带来阵阵快意。另外，体育锻炼都有助于克服沮丧，经常参加体育锻炼会使人精神振奋，避免消极地生活下去。

因此，转换自己的悲观情绪，其实并不难。

1. 越担惊受怕，就越遭灾祸。因此，一定要懂得积极心态所带来的力量，要相信希望和乐观能引导你走向胜利。

2. 即使处境艰难，也要寻找积极因素。这样，你就不会放弃取得微小胜利的努力。你越乐观，克服困难的勇气就越会倍增。

3. 以幽默的态度来接受现实中的失败。有幽默感的人，才有能力轻松地克服厄运，排除随之而来的倒霉念头。

4. 既不要被逆境困扰，也不要幻想出现奇迹，要脚踏实地，坚持不懈，全力以赴去争取胜利。

5. 不要把悲观作为保护你失望情绪的缓冲器。乐观是希望之花，能赐人以力量。

6. 当你失败时，你要想到你曾经多次获得过成功，这才是值得庆幸的。如果10个问题，你做对了5个，那么还是完全有理由庆祝一番，因为你已经成功地解决了5个问题。

7. 在闲暇时间，你要努力接近乐观的人，观察他们的行为。通过观察，你能培养起乐观的态度，乐观的火种会慢慢地在你内心点燃。

8. 要知道，悲观不是天生的。就像人类的其他态度一样，悲观不但可以减轻，而且通过努力还能转变成一种新的态度——乐观

9. 如果乐观态度使你成功地克服了困难，那么你就应该相信这样的结论：乐观是成功之源。

别人不为你的任性买单

任性其实是对自己的不负责任，这种性格的女人也许是在娇宠放纵中长大，可是别人没有义务为她的任性而买单，那么，最后得不偿失的就只能是自己了！

每个人都希望能“率性而为”，但果真能那样吗？除非世界上只剩下你一个人。因为，你若是任性的对待生活，或是任性的为人处事，那么每一次决策，都可能因为你的情绪而判断失误，对你而言，成功只能是一个遥远的梦。

人都是有感情、有尊严的，都希望得到别人的肯定、尊重、支持和理解。任性，很容易刺伤别人的自尊心。即使你的家人、朋友、同事能够包容你，但客观上你还是会伤害到他们，而这种伤害往往是最没有价值的。一旦他们不能容忍，冲突和矛盾就产生了，感情很容易破裂。**所以，一般那些不顾别人感受、不能控制自己情绪的人，人际关系都比较差。**谁愿意总是和耍小性子的人待在一块儿呢？所以，你应该学会适时地调控自己的情绪，把握好分寸，不要太任性。

从前有一个人提着网去打鱼，不巧这时下起了大雨，他一赌气将网撕破了。网撕破了还不够，又因气恼一头栽进了池塘，再也没有爬上来。

下雨不能打鱼，等天晴就是了。不要让一场雨下进灵魂里，从而输掉青春、爱情以及可能的辉煌和一伸手就能摘到的幸福。

任性赌气，其实是对自己的不负责任。

任性的女性，对期待、欲望皆强烈，现实的一切总让她不满，所以，为了实现她强烈的欲望，拼命争取。凡是心中欲望没得到满足，便心有不满。于是，为自己在前方铺下一条路，任凭他人如何阻拦，她也毫不犹豫地往前走。

任性的女性之所以认同于必然性，归因于她们生活在以自我为核心的小世界中，任性的女人需要做的是，对人情冷暖，客观事物要有一个客观深刻的认识。不要沉浸在自己的天地中或是自己的想法中无法自拔，另外，对这样的女性，也可以通过朋友的手来帮助你。也可以把自己做的某件事情，毫不掩饰的告诉朋友，让朋友以旁观者的角度来看待你的所为，并负责任地提出自己的看法。

日本一位极负盛名的作家曾说：**“人是无法战胜自然的，因为人生存在着太多的偶然。有此种达观的想法，便能悠然地安度晚年。”**即使难以达到此种达观的境界，能够了解人生的偶然性，也能使心境稍加开阔、静静地观察他人的生活形态。并在获悉每个人都是生活在偶然中时，也会滋生对他人的关怀与爱。

自闭是心灵开放的一剂毒药

有自闭性格的女人内心比较脆弱，自信心也很低。

有自闭性格的人不愿与人沟通，很少与人讲话，不是无话可说，而是害怕或讨厌与人交谈，前者属于被动型，后者属于主动型。

自闭的人往往有些孤独。生活中犯过一些“小错误”，由于道德观念太强烈，导致自责自贬，自己做错了事，就看不起自己，贬低自己，甚至辱骂讨厌摒弃自己，总觉得别人在责怪自己，于是深居简出，与世隔绝。有些人由于幼年时期受到过多的保护或管制，她们内心比较脆弱，自信心也很低，只要有人一说点什么，就乱对号入座，心里紧张起来。

自闭总是给我们的生活和人生带来无法摆脱的沉重的阴影，让我们关闭自己情感的大门，没有交流和沟通的心灵只能是一片死寂。

自闭的人，需要改变自己。

一是，要乐于接受自己，有时不妨将成功归因于自己，把失败归结于外部因素，不在乎别人说三道四，乐于接受自己。

二是，要提高对社会交往与开放自我的认识。交往能使人的思维能力和生活功能逐步提高并得到完善；交往能使人的思想观念保持新陈代谢；交往能丰富人的情感，维护人的心理健康。一个人的发展高度，决定于自我开放、自我表现的程度。克服孤独感，就要把自己向交往对象开放。既要了解他人，又要让他人了解自己，在社会交往中确认自己的价值，实现人生的目标，成为生活的强者。

三是要顺其自然地去生活。不要为一件事没按计划进行而烦恼，不要对某一次待人接物做得不够周全而自怨自艾。如果你对每件事都精心对待以求万无一失的话，你就不知不觉地把自己的感情紧紧封闭起来了。

应该重视生活中偶然的灵感和乐趣，快乐是人生的一个重要标准。有时让自己高兴一下就行，不要整日为了目的，为解决一项难题而奔忙。

四是不要为真实的感情刻意去掩饰。如果你和你的挚友分离在即，你就让即将涌出的泪水流下来，而不要躲到盥洗室去。为了怕别人的眼光而把自己掩饰自己情感，这种做法没有任何意义。生活中许许多多的事都是这样，遵从你的心，听取你心灵的声音，这样即使做错了事，我们也不会太难过。

有一个叫张燕的女人，自从参加一位朋友的生日宴会后，就突然感到莫名的恐惧，不敢外出见人，终致无法正常上班，而闲在家里。家人也为此整日愁眉不展，后来在朋友的百般追问下她才道出了原因，她对朋友说，两年前我与一位长得很漂亮的同事一同去赴一位朋友的生日宴会，都是同行，但她更受朋友们的欢迎，不少人争着和她聊天，像众星捧月似的，答理我的人却很少。于是顿感心中不安，中途退席回家。从此，不时感到惶恐不安，老觉得我不如别人因而感到害怕。开始还只是怕和她在一起，后来连见到她也害怕，整天担心她会突然出现在自己面前。不久，就连和客户会面都让我感到害怕。如此情况已有一年多了。不知道这种状况还能持续多久，我老公现在也不想和我生活在一起了。”

张燕的遭遇让我们了解了自闭的可怕。自闭不仅让自己失去对生活的信心，而且做任何事情都心灰意冷，精神恍惚，最终自己不能容纳自己，走向极端。

自闭是心灵开放的一剂毒药，是对自己融入群体的所有机会的封杀，自闭不仅毁掉自己的一生，也会让周围的朋友、亲人一起忧伤，总之，自闭会葬送一生的幸福。所以，生活在快节奏的现代生活中，我们一定要走出自闭的牢笼，融入到群体中。

暂时的自闭孤独有时也是一种休息、放松及宣泄。但是这种自闭只能是暂时的，如果长时间陷入其中，必然会导致心灵的失衡，最终走向极端。而且，长期的封闭会阻隔个人与社会的正常交往。处在封闭环境之中的人，感觉不到封闭，就必然导致精神的萎靡，思维的僵滞，它使人认知狭窄，情感淡漠，人格扭曲，最终可能导致人格异常与变态。

在一家生物公司工作的小张便是这样。她和一名同事一起参加优秀员工的角逐，但结果是她落选了，她的同事被选上了。小张很不服气地说："论能力、论口才，我哪一点比他差？可她选上了，而我却落榜了，不就是因为那个副经理是她老乡吗，有什么了不起。"于是，以后的其他的活动她也"不屑"参加。应该承认，工作中好多事情也是少不了人情的，有些事情也是依靠人情才能解决的。既然现实已经如此就不得不接纳，去坦然面对。像小张这样的人一遇到挫折就怨天尤人、一蹶不振，很容易走向自闭。

在社会里，经历小张这般遭遇的人为数不少。起初，她们都是抱着一腔热忱，想在工作中大展身手，但现实却令他们失望，受了点挫折便自暴自弃了，甚至"心如死灰"，似乎"看破了红尘"。这些人大多数在上学期间活泼开朗，只是到了工作时才"连连受挫"，因此也无意于"争名夺利"了，也不再"出头露面"了，逐渐变得内向、自闭起来。

人类的内心世界是由感情凝结而成的，只有交往，才能在邻居或朋友之间建立起诚挚的友谊；才能在夫妻间建立起美满的婚姻和家庭。真挚的感情无影无形，但它却比任何实际的东西都更有价值。

如果一个女人总是将自己封闭在一个狭窄的圈子内，对自己、对社会都没有好处，自闭的女人都应走出自我封闭的圈子，注意倾听自己心灵的声音，并大胆表现它的美好和幸福。

自卑像一条啃啮心灵的毒蛇

自卑的心态就像一条啃啮心灵的毒蛇，不仅吸取心灵的新鲜血液，让人失去生存的勇气，还在其中注入厌世和绝望的毒液，最后让健康的肌体死于非命。

许多女人在人前总是表现得不够自信，甚至自卑，所以她们很难感受到快乐和幸福，总是自惭形秽，把自己放在一个低人一等，不被自我喜欢，进而演绎成为别人也看不起的位置，并由此陷入不能自拔的痛苦境地，心灵笼罩着永不消散的愁云。

自卑的心态就像一条啃啮心灵的毒蛇，不仅吸取心灵的新鲜血液，让人失去生存的勇气，还在其中注入厌世和绝望的毒液，最后让健康的肌体死于非命。在人生攀登的崎岖小路上，自卑这条毒蛇随时都会悄然出现，特别是当人劳累、困乏、困惑的时候，更要加倍警惕。德国哲学家黑格尔说“自卑往往伴随着懈怠”，它是你前进道路上的绊脚石，可以使一个人的活动积极性与能力大大降低。虽然偶尔短时间地滑入自卑状态是正常现象，但长期处于自卑之中就是一场灾难了。自卑的根源是过分否定和低估自己，过分重视别人的意见，并将别人看得过于高大而把自己看得过于卑微。

只有控制住自卑心态，人们才会敢于积极进取，成为一个有主动创造精神的人，才能开拓事业的新局面，也才会有积极的人生态度，才会活得开朗、开心，才会勇于承担责任，成为一个有责任心的人。而任何一个在事业上有所作为的人，都是有责任心的人。只有扔掉自卑，才会在平时积极思考，才会产生奇迹；才会积极跨越各种障碍，成为一个不怕困难的人；才会积极主动地去结交新朋友，改善和旧朋友的关系，才会取得成功。

自卑心理所造成的最大问题是不论你有多成功，或是不论你有多能干，你总是想证明自己是不是真的如此多才多艺。换句话说，许多人都倾向于为自己设定一个形象，而不肯承认真正的自我是什么。因为他们的想法总是倾向于自我认定的多。

你总是把自己认为的劣势时时刻刻放在脑子里，提醒着自己的不足，并把这些不足和他人的优势相比较。因而，越比越觉得己不如人，越比越觉得无地自容，从而忽略了自己的优势，打击了自信心。事实上，“金无足赤，人无完人”。在你的眼里比较优越的人并不一定占优势。相反，在别人的眼里可能你比他更优秀。

如果让自卑控制了你，那么你在自我形象的评价上会毫不怜悯地贬损自己，不敢伸张自己的欲望，不敢在别人面前申诉自己的观点，不敢向别人表白自己的爱情，行为上不敢挥洒自己，总是显得拘谨畏缩。另一方面，对外界、对他人，尤其是对陌生环境与生人，心存一种畏惧。出于一种本能的自我保护，便会与自己畏惧的东西隔离和疏远，这样便将自己囚禁在一个孤独的城堡之中了。如果说别的消极情绪可以使一个人在前进路上暂时偏离目标或减缓成功速度，那么一个长期处于自卑状态的人根本就不可能有成功的希望，甚至已有的成绩也不能唤起他们的喜悦、兴奋和信心，只是一味地沉浸在自己失败的体验里不能自拔，对什么都不感兴趣，对什么都没有信心，不愿走入人群，拒绝别人接近，整个与丰富多彩的生活隔绝，与人群疏远，自囚于孤独的城堡中。

有自卑情结的女人可能会很胆小，由于要避免可能使她感到难堪的一切，她就什么也不做；由于害怕别人认为自己无知，就忍住不去征求别人的意见；由于担心受到拒绝，就不敢去找个好工作。由于压抑，自卑的女人会变得更加敏感。日益敏感，再加上日益怯懦，精神状态就日益低落。一个有自卑情结的人不能长时间把精力集中在任何事物上，只能集中在她本人身上，因而常常不能实现自己的愿望。

世上大部分不能走出生存困境的人，都是因为对自己信心不足，他们就像一棵脆弱的小草一样，毫无信心去经历风雨，这就是一种可怕的自卑心理。

王璇就是这样，她本来是一个活泼开朗的女孩，竟然被自卑折磨得一塌糊涂。

王璇在一家大型的日本企业上班，毕业于某著名语言大学。大学期间的王璇是一个十分自信、从容的女孩。她的学习成绩在班级里名列前茅，是男孩追逐的焦点。然而，最近，王璇的大学同学惊讶地发现，王璇变了，原先活泼可爱、整天嘻嘻哈哈的她，像换了一个人似的，不但变得羞羞答答，甚至其行为也变得畏首畏尾，而且说起话来、干起事情都显得特别不自信，和大学时判若两人。每天上班前，她会为了穿衣打扮花上整整两个小时的时间。为此她不惜早起，少睡两个小时。她之所以这么做，是怕自己打扮不好，而遭到同事或上司的取笑。在工作中，她更是战战兢兢、小心翼翼，甚至到了谨小慎微的地步。

原来到日本公司后，王璇发现日本人的服饰及举止显得十分高贵及严肃，让她觉得自己土气十足，上不了台面。于是她对自己的服装及饰物产生了深深的厌恶。第二天，她就跑到服饰精品商场去了，可是，由于还没有发工资，她买不起那些名牌服装，只能悻悻地回来了。

在公司的第一个月，王璇是低着头度过的。她不敢抬头看别人穿的正宗的名牌西服、名牌裙子，因为一看，她就会觉得自己穷酸。那些日本女人或早于她进入这家公司的中国女人大多穿着一流的品牌服饰，而自己呢，竟然还是一副穷学生样。每当这样比较时，她便感到无地自容，她觉得自己就是混入天鹅群的丑小鸭，心里充满了自卑。

服饰还是小事，令王璇更觉得抬不起头来的，是她的同事们平时用的香水都是洋货。她们所到之处，处处清香飘逸，而王璇自己用的却是一种廉价的香水。

在工作中，王璇也觉得很不如意。由于刚踏入工作岗位，工作效率不是很高，不能及时完成上司交给的任务，有时难免受到批评，这让王璇更加拘束和不安，甚至怀疑自己的能力。

此外，王璇刚进公司的时候，她还要负责做清洁工作。看着同事们悠然自得地享用着她打的开水，她就觉得自己与清洁工无异，这更加深了她的自卑意识……

像王璇这样的自卑者，总是一味轻视自己，总感到自己这也不行，那也不行，什么也比不上别人。怕正面接触别人的优点，回避自己的弱项，这种情绪一旦占据心头，结果是对什么都提不起精神，犹豫、忧郁、烦恼、焦虑便纷至沓来。倘若遇到一点困难或者挫折，便是长吁短叹，消沉绝望，那些光明、美丽的希望似乎都与自己断绝了关系，这与现代人应该具备的自信心和宽广胸怀是格格不入的，必须引起人们的警觉和注意。

每一个事物、每一个人都有其优势，都有其存在的价值。自卑是一种没有必要的自我堕落。一个人如果陷入了自卑的泥潭，他能找到一万个理由说自己为何不如别人。由于自卑而焦虑，于是注意力分散了，从而破坏了自己的成功，导致失败，即失败——自卑——焦虑——分散注意力——失败，这就是自卑者自己制造的恶性循环。一个人如果陷入了自卑，在人际交往中除了封闭自己以外，就有可能会奴颜婢膝，低三下四。一个女人如果自卑，她不仅不敢有远大的目标，同时她将永远不会出类拔萃；自卑是麻痹药，自卑是落后丹，自卑是自杀的剧毒品！

过度紧张尤如体内“定时炸弹”

过度的紧张将会对人体产生抑制作用。过度紧张，会使人动作失调，会使人行为紊乱，会降低效率。

紧张是一种因某种强大压力所引起的、高度调动人体内部潜力以对付压力而出现的一种生理和心理上的应急变化。每个人都会遇到这种情况。一般来说，在重要的关键时刻，情绪的适度紧张不但不是坏事，而且还是必需的。

适度的紧张有益，但过度的紧张将会对人体产生抑制作用。过度紧张，会使人动作失调，会使人行为紊乱，会降低效率。因为人们在过度的紧张情绪下，会使脑神经的兴奋和抑制过程失调，出现暂时性的不平衡。这时，人就会体验到一种难以自制的心慌、不安、激动和烦躁的情绪，从而出现一系列的行为紊乱、动作失调现象。

小莫是个写作爱好者，平时喜欢读书，和专业作家常常通信，请教写作方面的问题。小莫有着一个博客，她常常把自己平时随笔贴到网上，有很多人点击查看，并且有一群忠实粉丝。后来一位编辑看了小莫的博客以后，觉得她很有写作天分，于是让小莫为他的杂志写一个专栏。这本来是一件很好的事情，可是由于小莫对这件事情期望值太高，事情开始向着相反的方向转变。每一次在交稿前，小莫都十分紧张，生怕自己的稿件出现问题，一次一次对正，而在交稿以后，面对读者的反应，小莫又更加敏感，常常会为了一句评价耿耿于怀，甚至整夜没有办法入睡。

在后期，写作进入瓶颈期时，小莫整天为了选题烦恼，无法平静。最后失眠、耳鸣等等状况围绕着她，她无法安心下来继续写作。只好放弃了这份原本很有干头的工作。

事物是不断变化的，当你的思想变得过于严谨、条理化，过于刻意时，自然会呈现出因循守旧、按部就班的行为模式。反之，当你的心智没有负担，除了让意念自由游走别无所求时，这种放松的情况下，正确性思考就会在你需要它的时候不请自来。

著名小说家薇姬鲍姆有过这样的经历：小时候，她摔跤伤了膝部和腕部，有个老人把她扶起，这老人当过马戏班的小丑，一面帮她掸掉身上的灰土，一面说："你之所以会受伤，是因为你不懂得怎样放松自己，你要把自己当成一只旧袜子一样松弛。过来，我教你怎么做。"

老人教薇姬和其他小孩子怎么跌倒，怎么前滚翻、后滚翻。他不停地叮咛："把自己想象成一只松垮垮的旧袜子，你就一定会松弛下来！"

下面介绍几种消除紧张情绪的妙计，希望对还在紧张的人们能够有所裨益。

1. 克制坏脾气。当你想要骂某个人时，你应该尽量克制一会儿，把它拖到明天，同时用抑制下来的精力去做一些有意义的事情。

2. 懂得自我反省。丹尼尔·乔塞林说过："我不以自己疲累的程度去衡量工作绩效，而用不累的程度去衡量。"他说，"一到晚上觉得特别累或容易发脾气，我就知道当天工作的质量不佳。”

3. 不压抑自己。当有什么事烦扰你的时候，应该说出来，不要憋在心里。把你的烦恼向你值得信赖的、头脑冷静的人倾诉：你的父亲或母亲、丈夫、挚友、老师、学校辅导员，等等。

4. 学习懒猫。你见过睡在阳光底下的猫吗？它全身软锦绵的，就像泡湿的报纸。懂得一点瑜伽术的人也说过，要想精通“松弛术”，就要学学懒猫。

5. 学会转移情绪。当事情不顺利时，你暂时避开一下，去放松一下。强迫自己“保持原来的情况，忍受下去”，无非是做自我惩罚。

6. 谦让。如果你觉得自己经常与人争吵，就要考虑自己是否过分主观或固执。要知道，这类争吵将对周围的亲人带来不良的影响。你可以坚持自己正确的东西，静静地去做，给自己留有余地，因为你也可能是错误的。即使你是绝对正确的，你也可按照自己的方式稍做谦让。你这样做了以后，通常会发觉别人也会这样做的。

第三章

认清女人思维弱点，避免跳入头脑陷阱

贾宝玉说，女人是水做的，清新、柔软、无暇、美好！的确，如果这个世界没有了女人，将会失去多少桃红柳绿的美好景致，也会丢失数不清的莺歌燕舞的动人景象。女人有着巧笑倩兮，女人有着蕙心纨质，女人有着一颗纤细、博爱的心，可是并不是所有的女人都有着一个美好的结局，有的女人与眼泪、痛苦伴随，为什么会有这么大的差别呢？是否能够对自己的思维方式有足够了解和掌控是关键所在。

女人概括能力差

女人天生就不会总结经验教训，在同一个地方摔倒N次是家常便饭。关键是她们归因的思维模式在作祟。

男性由于倾向于“物体定向”，加之理解记忆和抽象记忆能力较强，第二信号系统的活动相对占优势，因而更多倾向于逻辑思维类型。女性由于倾向于“人物定向”，心理感受性较高，加之机械记忆和形象记忆能力又较强，第一信号系统的活动相对占优势，因而更多倾向于形象思维类型。因而，女性更应注意逻辑能力的训练。

女人的“感性思维”与她在非言语沟通上的能力有关，她们的直觉能力明显强于男人。女人能从对方的表情、动作、语调上的微小变化，猜出正确的含义。事实上，“女人的第六感”确实是一种很奇妙的东西，甚至让人感到不可思议。有人认为这是由于人类在长期的进化过程中，女人因为要承担延续种族的责任，因此她比男人表现出更多的本能的、情感的、动物的本性和习惯。总之，支配女人行动的是她的“感性认识”。像男人那样将语言抽象化，进行逻辑思考对她们来说是很困难的，但她们大多能在瞬间把握事物的整体，发挥惊人的直觉能力。

心理学家认为：女人的右脑发达，形象思维能力强，使得她们更喜欢沉醉于剧情之中。一部部活色生香，饱含着情感、社会、时尚诸多元素的电视剧，通过女人特有的感性思维的认知过程，潜移默化地影响着她们的心灵，让她们在“移情”中放松，在“投射”中成长，在“获益”中满足，在“唯美”中升华，从而变得更加柔情、智慧、美丽！

左脑是“抽象思维脑”，主管逻辑、语言、计算等；右脑是“形象思维脑”，主管图画、想象、情感等。女性在几百万年的生活中，一直扮演着“养育子女、管理氏族，分配食物”的角色，女人在这样的进化过程中所形成的大脑，右脑发达，形象思维能力强。

研究表明，女性偏于形象思维，她们习惯和倾向于用形象思维去解决问题；男性则更多偏向于抽象思维等。在图形、空间关系的创造性测验中，如图形的变通、图形的独创，男性的成绩优于女性；而在图形的流畅性和精确性方面，则是女性占据优势，说明男女在思维的结构、形式等方面有一定的差异。

心理学研究证明，在成败归因中，成功时个体倾向于内归因（即功劳归于自己），失败时个体很少用个人特征来解释，而倾向于外归因（即失败归于外部因素）。但在对于他人时则正好倒过来，把他人的成功归外因，从而减小他人成功给自己带来的心理压力，如果他人失败了，则倾向于内归因，使自己处于有利位置。这种动机性的归因偏差在女人身上表现的尤甚。女人在归因过程中，对自我卷入事情的解释，带有更为明显的自我价值保护倾向，女人最喜欢外归因，即怨天尤人。

经验通常指感觉经验，即感性认识。是人的感官直接接触客观世界而获得的各种事物的表面现象的初步认识。而泛经验模式是一种片面夸大感性认识的作用，把局部经验绝对化，把它误认为是普遍真理的思维模式。由于女性普遍注重感性认识，忽视理论对自己工作、生活和学习的指导作用，因此，更容易犯此错误。在这种心理作用下，女性往往将他人的感性认识当做直接经验运用，进而产生自惑心理，缺乏独立判断是非的能力。这类例子数不胜数，也是大龄女性和离婚女性最常有的心态。

抽象能力不足

不管女人多么聪明，和男人比较起来，抽象能力总是薄弱了些，这就是说，女人对于实际的东西总是比较容易理解。

抽象是抽取事物的本质属性，使它与其他属性分开；概括是将同类事物的相同属性结合起来。抽象和概括是紧密联系的，只有抽象出事物的本质属性才能进行概括，如果思维不具有概括性也无从进行抽象。

女人和男人比较起来，抽象能力总是薄弱了些，这就是说，女人对于实际的东西总是比较容易理解。而所谓的“漂亮”、“可爱”，都是抽象词语，使用这些词语非但不能打动女人的心，反而全使她们提高警觉。，

为了使女人易于了解你对她的赞美，不妨改以具体的言语表现，譬如：“你乌黑的头发很有光泽”、“你的眼睛真是迷人”等。

一般的女性不管多美，总对自己的面貌或身材，拥有或多或少的自卑感，甚至某些就男人看来，根本微不足道的问题，女人也会耿耿于怀，自卑不已。

男人若以抽象的言语赞美女人，反而让女人误以为是在讥讽她，对你再也不予信任。同样的，对方若是个美女，你不妨宜接用“你长得真像××明星”来赞美她。

男女性别在思维方式、观察事物的兴趣、情感体验与调节的程度、行为的反应上均有差异。男性的逻辑思维、抽象能力较强，善于条理清晰、结构分明地剖析讲述对象。女性的形象思维、语言表述能力较强，擅长以生动的言辞、形象的描述来展现讲授的客体。男性喜欢观察事物的外貌、变化的动态、探究其内部的构造。女性对周围的人则更有兴趣，对人的情感变化与内心世界更加好奇。男性在行为上，活动范围大、强度高、速度快；喜欢冒险、创新，决策果断；在教育改革、发明创造、科学研究、组织策划上有优势。女性的自控能力、细致的阅人经验，在协调、交注等环节更能发挥作用。

在思维品质上男女有着比较明显的差异：女人主要偏向于形象思维类型，主要依靠表象间的类比和联想，富于想象力，但思维的灵活性不够，理解力较差。而男人偏向于抽象思维类型，主要依靠概念进行判断和推理，有较强演绎、归纳能力，思维的灵活性较好，理解力较强。在思维方式上，女人倾向于模仿，处理问题时注意部分和细节，但对全局与各部分之间的关系把握较差。男人独立思考较多，分析综合能力较优，处理问题时较为重视全局与各部分之间的联系，但对细节注意不够。在操作技能方面，由于男人倾向于“物体定向”，从小爱摆弄物体，在孩童时期，男孩的玩具多是车辆、武器、各种工具等，并喜欢对之进行拆卸、安装，以至

于改装。所以男生在物理学习中有较强的动手能力，乐于自己设计实验进行探索，有较高的创造性。女生由于倾向于“人物定向”，女孩喜欢的玩具多是布娃娃之类，对无生命的物体不大感兴趣，也很少愿意对之进行探究。所以女生的动手能力较差，在物理实验中，女生较适应规定了步骤的验证性实验。由于女生有较强的感受性，她们在实验中观察较仔细认真，数据记录较准确。

负面思考的“负能量”

负面思考者是因为事情没有照他们的方式，达到他们的标难而不满；牢骚大王只知道哪里出问题，却不知如何改善。

有的女性碰到问题时往往习惯于先发一通怨气，而很少从问题的实际出发，寻找自身的缺点，进而解决它。

于凡是一家美国公司的部门经理，素以为人豁达开朗而得到同行们的好评。谈及此事，她毫不掩饰地说：“以前我不是现在这个样子，很少有开心的时候，稍不顺心，就会抱怨不休，似乎这个世界上所有的人都和我作对，搞得自己事事都不开心。后来终于意识到，抱怨不能解决任何问题，只有以积极的态度去面对，才是解决问题的关键。”

那么，喜欢从负面看待事情，或是在工作习惯负面思考的女人们，应该采用怎样的方法来面对呢?

第一，你的目标是转移负面思考者的注意力，把焦点从挑毛病转为解决问题，从拒绝现状转为改善现状。

第二，不要逆向操作。不要劝说那些负面思考者说，情况没那么糟，因为这只会让他们更加努力说服你：情况真的很糟糕。

当然不要忘记他们的存在，在讨论时不要把他们排斥在外，告诉他们：“当你想到解决方案时，欢迎你来告诉我。”

第三，要学会运用“物极必反”的原理。在他还没来得及批评前，就提出负面的意见。例如：“你说得没错，简直毫无希望，即使是你，大概都解决不了这个问题。”别惊异，你可能会听到他滔滔不绝地告诉你怎么解决问题。

要记住，牢骚大王是负面思考者的表兄弟，不同的是，负面思考者是因为事情没有照他们的方式，达到他们的标难而不满；牢骚大王只知道哪里出问题，却不知如何改善。不要轻易同意他们，这会鼓励他们一直抱怨。不要随便反对他们，他们会被迫一再重复叙述问题。相反地，你应该要学会的首先是聆听重点，不要被主导谈话、要求他们把问题说清楚，不要泛泛而论，同时把谈话焦点导向解决方案，让他们思考现实。

心思细密，是很多女性共同的天性，由于考虑相对更周到，这一特点似乎让女性更讨人喜爱。但另一方面，为自己操心，为别人操心，为别人的错误而生气，斤斤计较等情绪随之带来忧虑、紧张、焦躁，甚至失眠，如果经常在这样的情绪中过日子，人容易变得苍老、憔悴，甚至面目可憎。

女人要保持平稳的情绪，当遭遇到想不开的怪圈时，及时解脱自己，学会“移情”。让人生开心起来的方法很多，我们要主动远离负面情绪的纠缠。

我们可以用以下几种方法来为自己的生活保持乐趣。

看漫画：充满了智慧和幽默的漫画，会让我们生活中的烦恼瞬时一扫而光。漫画篇幅短，文字少，图解人生，避免阅读疲劳，却具有忘忧的功效。另外，如果你热衷文字，就多准备几本笑话书，每当要抓狂的时候，就及时捧起书，转移自己的注意力。

购物：是让女人获得幸福感的有效途径。尽管很多男人无法理解女人为什么喜欢在购物中排解压力，但或许只有女人才能乐在其中，乐此不疲，津津乐道。在花钱的过程中，女人得到的不仅有喜欢的商品，更有一种主宰生活的力量。展示自己的力量，也是自信心的重要来源之一。

运动：专心于自己的身体，一举一动，都投入地去做，进入无我的境地，不分心去想工作中的琐事，这是让自己解脱出来的好办法。运动，能让人变得开朗，积极，无论是散步，还是做家务，以及跳操、瑜伽，身体好了，我们就会更加乐观地去看待周围的这个世界。

交友：找好朋友倾诉。我们不仅要分担好友的忧愁，也可以让好友帮助化解我们的烦恼。自己想不开的事情，说出来之后，可能你会发现自己的问题所在，不再那么爱钻牛角尖，或许朋友还能给我们好的建议，解决实际问题。

创造力欠缺

当问及女性为什么认为自己的创造力不如男性时，她们大多回答是：女性没有男性聪明或男性天生更为有利于创造力的发展。我们认为这种看法并没有充分的科学依据。

创造力是人类特有的一种综合性本领。它是知识、智力、能力及优良的个性品质等复杂多因素综合优化构成的。创造力是指产生新思想，发现和创造新事物的能力。它是成功地完成某种创造性活动所必需的心理品质。创造力是一系列连续的复杂的高水平的心理活动。它要求人们全部体力和智力的高度紧张，以及创造性思维在最高水平上进行。

女性作为社会的重要组成部分，其创造力是整个社会不可忽视的。很多专家学者曾做过女性创造力方面的调查，当问及被调查的女性为什么认为自己的创造力不如男性时，她们回答大多是：女性没有男性聪明或男性天生更为有利于创造力的发展。其实，这种看法并没有充分的科学依据。其一，心理学研究表明，男女具有相同的总体智力。就是说，从综合平衡方面来看，男女智力均值基本相等，不存在谁优谁劣、谁高谁低的问题。中外心理研究也均证明：男孩和女孩在智力发展的总体水平上没有什么明显区别。其二，智力测验成绩和创造力测验成绩之间的相关性并不高。如：吉尔福特曾对智商 70 ~ 140 的学生进行创造力测试，研究发现：高创造力者智商都在中等水平（智商中数为 100）以上。其三，研究表明影响人的创造力的主要是非智力因素。美国心理学家特曼，从1921年开始对1 528名超常儿童进行了50年的追踪研究发现创造力的差异主要在非智力因素（动机、兴趣、情感、意志、性格等），而不是智力因素（观察能力、思维能力、想象能力等）。有调查发现有巨大创造力的人其非智力因素如谨慎、自信、进取心、坚韧性等，明显高于低创造力者。由此可见，非智力因素在创造力发展中起着举足轻重的作用。其四，男女间的创造力差异并不一定如人们所想，本来就有明显的差异。对此，我们曾应用美国心理学家尤金·劳德的创造性力调查表对一所师范院校的105位男性，120位女性进行了创造力的测试，并对测试结果进行了统计分析，发现女性和男性的创造力并没有显著性差异。

上面的材料表明女性的创造力现状是低于男性的，女性的自我认识也并不太积极。原因何在？

1. 女人受教育问题

普通教育和专业技能教育，正规教育和非正式教育等，都是当代中国女性所需要的。虽然在城市里女性受教育的机会较多，可是有些贫困的家庭也难以保证女性受到良好教育。然而，在广大农村和边远地区，众多女性被繁重的劳动和家务束缚，得不到应有的发展，命运无法改变。受教育水平不高在很大程度上影响了女性创造力的培养。

2. 女人就业问题

女性找工作受到排斥和分离主义的阻止，甚至在中国就业市场上，用人单位包括国家机关各部委，都会打出“不要女生”或“只要男生”的牌子，明目张胆地表现出排斥女性就业的性别歧视主义的恶劣态度。有的干脆用各种方式刁难或者羞辱女性求职者。诸如此类的东西，情形非常严重，极大地限制了女性创造力的发展。

3. 女性直面性别歧视问题

这种歧视表现在许多方面，比如，说到女性，人们通常和两件事与之相连：一是家庭里的奉献者和牺牲者，二是生儿育女的工具。通常男性们——在任何时间和任何地点，只把女性看成是性客体和性工具，这直接危害到女性的人格尊严和社会地位的确立；这种严重的性别歧视表现在社会的方方面面和时时刻刻。因此，我们必须认识、揭露和批判这些极端恶劣的观念和暴力行径，更需要通过社会实践的革新来加以改变，首先要把女性当人看待——这是现代文明创建的基本要求。只有这样，女性的创造力才会慢慢得以提高。

4. 女性发展升迁自立问题

在发达国家的女性中，流行着“玻璃天花板”的说法，意思是说，女性的发展受到阻止；然而在中国的女性中，所遇到的是“石头的天花板”，处处碰壁却得不到机会。中国女性的发展升迁的空间受限，严重影响了女性们创造能力的发挥。这直接影响到社会的进步，因为女性的创业和发展程度，是衡量一个国家竞争力的重要指标。

5. 女性自觉意识的唤醒问题

女性如果缺乏以自尊、自立、自强、自爱、自由、自觉的精神，创造性地学习、生活和工作的能力与激情不高。这是个不容小觑的问题。

6. 女性贫困问题

这不仅是经济上的贫困，更是指精神的匮乏，知识的匮乏。贫困导致的不仅是愚昧和无知，而且及其严重束缚了女性在生活生产中的自觉行为、自由发展和创造力的培养。

女人自有女人的弱点，但是不可否认的是，女人是社会文化创造的生力军。虽然面临以上诸多问题或是疑问，但对女性的创造力熟视无睹，视而不见，更有甚者，采取打击和毁灭的态度，这是极端错误的。

在犹豫中错失机会

因性格软弱，遇事优柔寡断的女人比比皆是，她们没有快刀斩乱麻的气魄，总是一次又一次地错失良机，一次又一次地被伤害，直到最后追悔莫及。

性格软弱的女人，容易受伤，多以失败而告终，个性坚强的女人，多勇于进取，多容易成功。阮玲玉是20世纪二三十年代的著名影星，一个生活在旧社会的女人，面对社会制度，人性好恶，如果没有坚强的个性，很难挺住，阮玲玉倒下了，她失败的命运也随之终结了。究其原因，她性格太软弱了，只能选择香消玉焚。

人生在世，不要追求尽善尽美。俗话说“金无足赤，人无完人”，只要不违背大的原则，就可以决定取舍。

心理学家认为，人在处理问题时所表现的这种拿不定主意、优柔寡断的心理现象是意志薄弱的表现。怎样克服这种遇事拿不定主意、优柔寡断的缺点呢?

首先要做到的是，培养自信、自主、自强、自立的勇气和信心，培养自己具有独立意志的良好品质。俗话说“有胆有识，有识有胆”。增加自己的学识有助于克服自己优柔寡断的缺点。同时也要学会“凡事预则立，不预则废”。平时经常开动脑筋，勤学多思是关键时刻有主见的前提和基础。当然也要排除外界干扰和暗示，稳定情绪，由此及彼、由表及里、仔细分析，亦有助于培养果断的意志。

如果你犹豫不决，你便会被挤到没有机会的死水中，只要有坚强的意志力才能将之克服。若能了解这些，接下来的就只是如何去克服问题。如果你能做到以上几点，则一切的烦恼也就会随之烟消云散了。

安于现状的消极心态

影响职业女性升值的一个很重要的原因就是：一些女性朋友过于安于现状，并因此失去了进取精神、学习能力，同时也自然失去了美好的前程。

为什么女性在晋升的过程，总是要面临着透明的“天花板”?

纵使职业女性可以从这边看到远处有充分发挥自己才能的空间，驰骋疆场的快乐，也有能够让自己勇往直前的事业，可是职业女性为什么砸不碎自己面前这块隔离板呢?

影响职业女性升值的一个很重要的原因：一些女性朋友过于安于现状，并因此失去了进取精神、学习能力，同时也自然失去了美好的前程。

女性顶不住生活的苦难吗?

女性承受不住事业的压力吗?

女性禁受不住晋升过程中的挫折吗?

不，女性的韧性是世界上最强的，在生活的苦难之中，有多少柔弱的母亲，用自己纤细的双肩担起生活的重担，始终迈开坚定的步伐向前走着!

蒙古族流传着一句这样的古谚：“骆驼背不起的重担，女人能够背起来。”

在事业上，有些女性朋友一方面抱怨上司在提拔下属时，太过偏重男性，或是无端指责那些曾经是自己同事，现在已经升为自己土司的男性；另一方面，作为女性，有很多人又固守着大学中学习的那一点点有限的知识，心安理得地依赖着能力强的同事，还美其名曰“能者多劳”。结果当她们遇上紧急事件之后，就开始手忙脚乱，有时连一点小事都办砸了。

在晋升的过程中，女性最大的敌人是她自己，打败自己的恰恰是自己的“不思进取”!

有些女性在职场上，遇到了工作上的麻烦，总是用一句：“干得好不如嫁得好”作为逃避挫折、拒绝付出努力的借口。

而很多结了婚的女性更是以家庭的拖累为由，放下进取之心，放下对新知识、新事物的探求，只求能够平平安安地度过职业生涯。

但是，现在社会发展极为迅速，就是女性朋友一生只想守住一个工作岗位，也不可能不去吸收新观念、新知识和新技能。

王女士从某师范大学毕业后，进入了一所高中教学。在这个她所热爱的岗位上，一干就是二十几年，获得过优秀教师称号，也被评为过省级的优秀教师。

作为一个女性，可以说在她平凡的事业中，早已充满耀眼的光芒了，因此，她应该没有什么不满足的了，应该轻轻松松地上下班、安安稳稳地等退休了。

可是，年近50岁的她，最近却拜正在上大学的儿子为师学起电脑来了。跟她做了20年同事的李老师劝她："老王，都几十岁的人了，眼睛也不顶用了，脑袋也不如年轻人快了，手打字也不是很听使唤，快退休了，何苦学这东西来折磨自己呢？"

让李老师出乎意料的是，王老师却反过来笑着劝她："老李，你也应该学学，前几天，我儿子教我做了一个Flash课件，用来展示课本上的内容很好用，你不如让你儿子也教教你吧?"

李老师摇了摇头，笑着说："我可不像你，一提到新鲜事物就兴奋。"

不久之后，学校响应信息化教学改革，举办了一场别开生面的"课件大比拼"，让所有教师大吃一惊的是，夺得第一名的竟然是年过半百的王老师。

在以后的日子里，许多在电子时代成长起来的年轻老师。遇到制作电子课件上的问题，也要过来虚心地请教王老师。

后来发生了一件连王老师自己也想不到的事，高级教师考试里增加了计算机一科。许多年龄偏大的教师不是被这门考试弄得焦头烂额，就是再三叹气之后，放下这"折磨"人的考试。而且私底下诅咒着想出这门考试的上司。

而王老师却面带笑容，轻装上阵，一下子就获得了"优"的好成绩。

很多老师都没有通过这次考试，事后很多老师后悔地说，当了辈子教师，考个高级教师也算给自己一个交代。谁知因为自己的不好学，考不过计算机，让自己的梦想变成了泡影。

谁说"女性不放弃家庭就不能进取"，王老师在跟儿子的学习中，还获得了与儿子沟通的机会。

在事业中，女性不是做不到第一，而是不想做第一。如果你自己不想成功，不想领先，不想主动，不愿做主，那如何才能成功?

职业女性并不是不能成功，也不是不能主动，更不是没有主见——战胜自己安于现状的过程就是走向成功的过程，激发起自己主动性的过程就是走向自由的过程！

女性在事业中，大多具有男性不具备的优秀特性：她们更有耐心，更具有亲和力，更加无私，所要不多，无怨无悔地付出，热爱工作，人品优秀，聪明肯干。因此，她们更可能成为事业上的成功者。

没有人可以武断地认为：女性就是安于蓬草之间的麻雀；男人才是翱翔于广阔天空之下的雄鹰！

女性的柔美也许与鹰的锐利、凶猛无缘，但女人绝不是那只有嘴皮于利落的麻雀，女人是与男人一样享受着广阔蓝天的鸿雁。

性格温柔，善解人意的梅是一大公司的业务主管。谈起她成功的秘诀，梅说："成功需要艰苦的付出，同时也需要一点冒险精神。以前，我在另外一个部门工作，属于比上不足，比下有余的一类。所以对现状很满足，直到有一天，公司内部重组，老板找到我，问我是否愿意去拓展一项新业务。说真的当时心里真是没底，可最后还是硬着头皮接下了。于是，才有了今天这个样子。当然，这其中也不乏有努力与艰辛。"

有句老话说得好：不人虎穴，焉得虎子，成功需要艰苦的努力，但更需要勇气和敢于冒险的精神。克服惧怕心理，面对挑战，相信自己能行。这一点，对于女性来说，尤为重要。

第四章

识破女人商场弱点，谁说女人不如男

做一个成功的女性，就应该放弃这么多温情的守护吗？答案是否定的。让我们看一看，怎样成为一个既有事业，又有家庭的双赢女性。

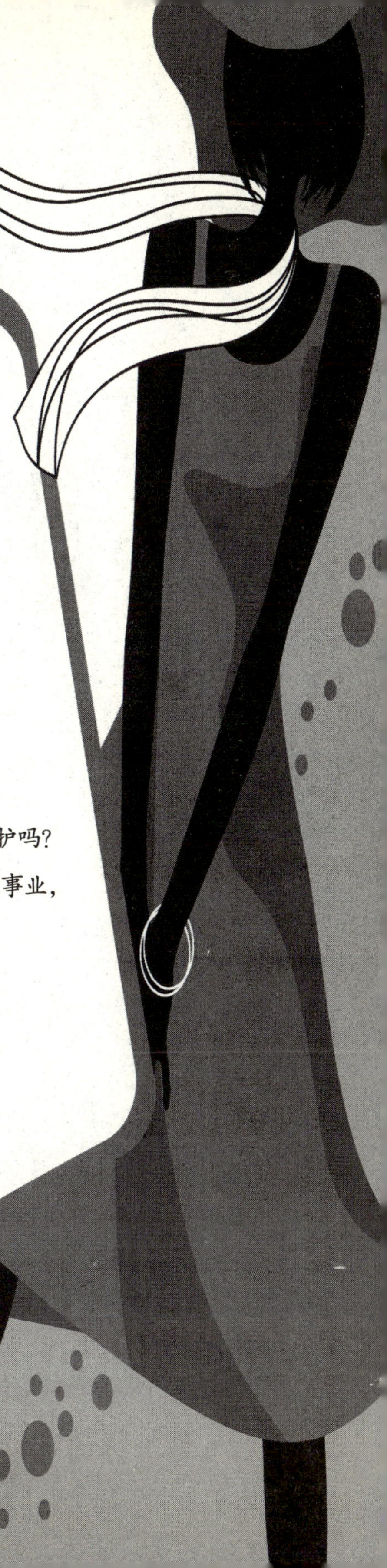

贪图小利，吃亏难免

女人总是容易受眼前事物的诱惑，因而不能顾全大局，她们虽然善于分析，但却缺乏综合能力。

听到这话，也许女性们要为自己打抱不平，不过，对于这个问题还是多反省反省吧。

有一条马路拆迁，马路上的所有商店门前都挤满了人，仔细看去，其中的大多数是女性同胞。难道她们都是为买所需东西而来的吗？非也，“说不定有便宜货”这才是实质。

在一些商店价格表昂贵的数字下边划上一道醒目的红线，再定上优惠几折什么的，她们一看便会认为，不买白不买，错过了这次机会也许就再也碰不到了。”于是，就如此简简单单地贪了次小便宜。

看到削价摊前人们拼命地争购，她便忍耐不住，分开人丛急切地抓起几件，殊不料，她已落入“群体催眠“的圈套。

“哎，怎么回事？这几件分明是我先拿到的嘛！“丝毫没有退让的意思。买不买呢？买哪一件呢？统统都不容多考虑，反正大家都在抢，一定错不了。这真是一场近似严酷的争夺战，花了许多的精力和钱不说，买的又不是急需品，况且又“便宜没好货”，值得吗？

曾向一位百货公司经理请教：“根据经验，你们知道顾客每天大致的流量，可为什么不把这处理品部扩大一下呢？”

“不！”他微笑着回答。“窄了好，在这么窄的地方，把货堆得高高的，才好做买卖。”

这其中的奥妙女士同胞或许该猜透了吧？

这就是女性很难保持自己的本性，容易受环境影响的一个活生生的例子。女性缺乏一种把握整体全局的能力，而且又很容易受到他人的影响，所以在打折购物潮中，很难把握住自己。

小心聪明反被聪明误

张爱玲曾说，一个成熟女人的身体加上一个孩童的头脑，这样的眼神才最有魅力。

我相信绝大多数的男士都会喜欢这样的女人做老婆——成熟而简单。男人不喜欢太聪明的女人，尤其是自作聪明的女人。其实，无论在感情上还是生活中，太过聪明往往都会“聪明反被聪明误”！

一个女孩子让自己最亲密的朋友考验男友。其结果是男友给她的伤心，让这位女孩垂泪到天明。结果当然是不言而喻的——分道扬镳。其实，这样的考验是毫无意义的。首先，你没有办法明白，男朋友作出这样的举动，他的本意是什么，而且作为女人，你只在乎结果。一旦结果超出你接受的范围，你还能够冷静下来，去从头到尾听男朋友的解释吗？如果他知道你在考验他，一定会逃之夭夭。因为你的不信任，因为你对他的人格的侮辱，也因为怕你以后还有什么更可怕的考验！

如果你真想考验他，除非你是只想给自己找一个分手的理由，否则，奉劝你还是乖乖做一个简单那的女人就好，也只有这样的女人才会快乐！

聪明就是充满灵气和悟性，一点即透，甚至能从一个不经意的语言、动作或一个眼神中就获得信息。聪明是那样令人羡慕又使人神往啊。可是，一个女人如果聪明了，又会怎样？尤其在感情方面的过于聪明和敏感，只能痛苦和困惑！女人一生所向往的感情世界是真诚而浪漫的。表现出来就是用最真挚的感情说出最虚无的甜言蜜语。而这对男人而讲是很难的：他们动听的语言可不是发自内心的，只是一种讨好罢了。当女人（只有聪明的）发现男人的这种虚伪时，难免会感到痛苦和失落。痛苦的是自己的真情没得到回报；失落于世间难遇真情。这种感受直接影响感情的质量，既惹恼了对方，同时也伤害了自己。一段看起来不错的情缘就此 没有了下文。这也注定聪明女人一生的悲剧。

提起《红楼梦》，谈到王熙凤，人们一方面惊叹于她的无与伦比的治家才能，她应付各色人等的技巧，一方面又感慨于她的结局。她是文学作品中“聪明反被聪明误”的典型。

王熙凤在贾府算是一个“巾帼英雄”了，她想尽各种办法，使用种种计谋，想使贾府振兴起来，或者至少维持着大家的局面，同时也积攒些家私。然而她的努力，她的“鞠躬尽瘁”却换来了贾府上下人的一片不满，最终也没有使贾家有什么起色，死后甚至连女儿也保不住。凤姐“于世路上好机变，言谈去得”，“心性又极深细，竟是个男人万不及一的。”“少说着只怕有一万心眼子，再要赌口齿，十个会说的男人也说不过她呢!”“天下人都叫你算计了去”，“嘴甜心苦，两面三刀。”“上头笑着，脚底下使绊子。”“明是一盆火，暗是一把刀。”她都占全了。这些熟悉凤姐为人的各色人等对凤姐的评价，活脱脱展现出了一个机关算尽太聪明的人物。然而，就是这样一个十分精明的人物，却落得孤家寡人，身心劳碌至死最终又一无所得的下场，岂不正应了“聪明反被聪明误”那句话了吗?

培根先生指出：“生活中有许多人徒然具有一副聪明的外貌，却并没有聪明的实质——‘小聪明，大糊涂’。道理就是这么简单，却又无比深奥。一个不知道“激流勇退”的人实在是一个傻瓜，一个机关算尽的人最终会算到自己头上。俗语云：“搬起石头砸自己的脚”，正好是“聪明反被聪明误”的绝妙写照。因此，无论是安于命运还是抗争命运，都要以承认个人机智局限为前提。知其可为而为之，是聪明的；知其不可为而为之，则是愚蠢的。生活中一再重演的所谓机智悲剧，难道还少吗?

俗话说，“是金子总会发光”，如果你是真正的聪明，就不要总是在别人面前随便地“卖弄”。那样，不但使你的聪明变得“廉价”，有时还会给你惹来不必要的麻烦。要小聪明的人头上都悬着一把“达摩克利斯剑”，这把剑随时会落到聪明者的头上，斩下他的头颅。那是一种极其危险的游戏。每个人都想表现得很聪明，但如果一个人老要小聪明就成了一种愚蠢。我们为什么不大事聪明，小事糊涂呢?

生意场上不能太小气

女人的生意经之所以有些不入流，完全是由于弱势心理长期积累，导致熏染不良习气，让正常的生意规矩蒙尘。

女人做生意主要依据其个人的喜好来选择合作伙伴，因此女人生意中所生的怨气会通过许多很微妙的途径发生。而男人做生意是依据力量分布，选择高频率策略结盟模式，占领利益优先权的。而这往往和女人生意经发生冲突，女人经常因生意而生仇。统计调查报告指出，男人之间的冲突有77%后来又和好了，女人之间的冲突后来只有18%和解了，而男女之间冲突后的和解率在30%。女人太敏感，也太善变，太容易发酵，骨子里不安全因子是危险的变量。

女人“为与不为和能与不能”的关系分不清男人和女人做生意经常遇到女商人无理、打小算盘并较劲的情况，最后闹得双方因为芝麻般的小事而大打出手。女商人中很少能有大局观。这非常影响女人在生意场上的发展，究其原因，就是女人经常分不清“为与不为和能与不能”的关系。女人的生意经之所以有些不入流，完全是由于弱势心理长期积累，导致熏染不良习气，让正常的生意规矩蒙尘。

女人能否长期做稳定的生意，就要看女人的不良的商业习气能不能改变，而能不能改变，则完全是“为与不为”的问题，而不是“能与不能”的问题。女人是水，商女更是水中极品，三温都可杀生，高温成沸水，可以融化最坚硬的冰；常温成水滴，可以化骨并穿石；低温成冰刀，可以见血就封喉。

作为一个在生意场上摸跑滚打的女人，如何才能游刃有余的立足于商界，要牢记8条“不要”。

1. 不要耳语。耳语是被视为不信任在场人士所采取的防范措施，在大庭广众之下与同伴耳语是很不礼貌的事。

2. 不要失声大笑。无论听到什么“惊天动地”的趣事，在社交宴会也得要保持仪态，最多报以灿烂笑容。

3. 不要滔滔不绝。在宴会中若有人对你攀谈，要保持落落大方，简单回答几句足矣。切忌向人汇报自己的身世，或向对方详加打探，这样很容易把人家吓跑，或被视作长舌妇。

4. 不要说长道短。在社交场合说长道短，揭人隐私，必定会惹人反感，让人“敬而远之”。

5. 不要大煞风景。参加社交宴会，别人期望见到的是一张可爱的笑脸，即使是情绪低落，表面上也要笑容可掬，周旋于当时的人物环境。

6. 不要木讷肃然。面对初相识的陌生人，可以交谈几句无关紧要的话开始，切忌坐着闭口不语，一脸肃穆表情。

7. 不要在众目睽睽之下涂脂抹粉。如果需要补妆，必须到洗手间或附近的化妆间去。

8. 不要忸怩忐忑。假如发觉有人在注视你——特别是男士，要表现得从容镇静。若对方曾与你有过一面之缘，可以自然地打个招呼。若对方与你素未谋面，不必忸怩忐忑或怒视对方，可以巧妙地离开他的视线范围。

别人不因性别而谦让你

在商场上打拼的女人更应该学会坚强的活着，别拿性别当理由，当幌子。性别不是别人谦让的理由，要追求自己的地位和品位，否则在别人看来，你永远都是弱者，永远都别想真正得到别人的尊敬和拥戴。

做人难 ，做女人更难，做坚强独立的女人那就是难上加难！女人要学会让自己独立生存的能力，也要学会坚强面对这个纷纷扰扰的世界，不要用眼泪和无助博取别人的同情，不要把自己的性别当成自己的挡箭牌。

其实，只要商场上的女人们正视现实，面对艰难险阻，不退缩，不畏惧，勇于开拓，发奋前进，就一定能取得成功；遇到困难，前途渺茫时，不丧气，只要坚持不懈，就一定会生出许多希望来！

在商场上，女性独具的一些特性，恰恰是女性经理人能够在管理这方男性的传统领地里崭露头角，稳占一席之地的原因所在。以往女性在企业管理领域默默无闻，完全是出于陈腐的传统观念和传统习俗的束缚，而绝非女性秉赋逊于男性。而今桎梏已去，女性经理人有机会大展身手。管理中传统的阳刚和女性经理人独有的阴柔，完全能相互融合，相得益彰。而且如今在企业中人性管理倍受重视，女性经理人的管理风格从某种程度上更契合管理发展的趋势，女性经理人完全可以在未来的职业生涯中更上层楼。

那么，就管理而言，女性经理人身上究竟有哪些令人刮目相看的特点呢？

1. 亲和力

一般说来，男性倾向于指挥。他们的进攻性强，试图掌控一切。女性则倾向于协调。她们通常把自己置身于事件之中，而不是居高临下。相对而言，女性经理人更擅长人际关系、平衡矛盾利益，对下属更为体贴呵护。她们更愿意了解某一行为对他人的影响。因此，女性经理人容易和下属达成默契，在所领导的团队中形成较强的亲和气氛。

2. 倾听者

相对男性经理人而言，女性经理人更善于倾听。男性长于逻辑推理，注重事实数据。而女性则更多依赖直觉，更倚重人与人之间面对面的直接交流。从这点上讲，女性经理人更开放，更易交流，更愿意与员工分享信息，也更容易沟通。

3. 重细节

女性经理人相对于结果而言更注重过程，这就决定了她们通常较注意细节。女性经理人比较愿意介入到下属的日常工作中，以获取更多细节，并藉此确保达成预期结果。

4. 灵活性

女性感情敏感细腻。这就决定了女性经理人对周围环境和员工行为的变化能迅捷地感知，并及时做出应对。因此，女性经理人通常更善于随机应变。在竞争环境多变的今天，这一特性弥足珍贵。

尽管女性独具的阴柔特性，使女性经理人在当今的企业管理中进退自如。而女性不可替代的社会角色，也使女性经理人面临独特的挑战。

如何使自己在纷繁的细节中不迷失大局？如何在亲和中不失原则？又如何在保持敏感的同时又不流至过度敏感？这些微妙之处，都是女性经理人成功的关键。中国女性所面临的重大挑战，首先是挑战自己。挣脱自己，面对现实，从传统儒家文化的阴影下走出来，摆脱对男性的依赖思想。要具有挑战意识，主动寻找挑战。

中国武汉广场购物中心是在1997年零售业纷纷倒闭的形势下开业的，而胡冰心总经理却仅用20个月就收回了2100万美元的投资，创下了连续2年夺得了全国零售业单体利润第1名的业绩。

胡冰心女士在管理中，将“现代企业管理制度＝法＋中国传统文化＝情”进行有机组合，创造出一整套武汉广场购物中心的企业文化。在武广企业文化中，闪烁出女性经理的“情感智慧”。

胡冰心说，我们是做零售业的，我公司有3000多位员工，每天要接待50万以上顾客。我们的工作就是将货卖给顾客。货品的交易过程其实是人与人情感交流的过程。你的语言和情感能否被他人（顾客）接受，这就需要智慧。”

人类的智慧是无处不在的，胡冰心以女性经理人的特质将情感智慧用在经营管理中。她说：“女人天性细致、体贴、富有爱心，这正是零售业所必须具备的素质。作为经理人，能将这些人的本能组合利用，形成企业文化就是智慧。我们将公司理念定为“把最微不足道的事做到完美无瑕”。经营中，强调细节，做好细节，就能做出企业最高境界。世界上的沃尔玛、麦当劳都是这样做出来的。”

无论是男性还是女性，其领导方式都有自己的特性。女性经理人的确有她们自己独特的优势。而这些优势正好与当今信息社会对企业管理的要求相吻合。中国的女性经理人正好赶上了这一时代新潮，如果她们能够很好的利用自己的独特优势，相信“巾帼不让须眉”的时代就在我们的眼前!

作为一个女人，活在这个男人的世界里，也要做到即使在男人面前风情万种温柔娇媚，转过身去的时候依然是独立自由的潇洒姿态。

少命令，多商量

作为一个女领导应该在管理中发挥自己女性领导的优势，用女性特有的温柔和细心，使自己的领导才能得到更好的发挥。

在职场上，要学会放权，少下命令、多商量。

所谓放权，也就是让员工参与到组织的决策与管理之中。这样放权参与确实能起到激励员工的作用，激发员工的主人翁意识，从而产生与公司企业共命运的思想。

作为一个女领导应该在管理中发挥自己女性领导的优势，用女性特有的温柔和细心，使自己的领导才能得到更好的发挥。

首先可以用女性的细致，了解员工，为员工们参与管理提供一切方便，创造有利条件，采取多种方式，使其能切实行使应有的管理的权力，焕发出更大的热情。

在工作中，女领导要采取下属路线，有事多和员工商量，集思广益，不管是决定问题还是向员工布置工作，都不要以为自己是领导者，就搞简单的逼迫命令。而要多讨论、多商量，这样可以启开员工思想的闸门，使他们开动脑筋，充分说出自己的见解。

女性的温柔和善良可以给员工更大的鼓励，让他们说出自己最内心的想法，要知道，一方面员工的意见可以弥补领导者智慧的不足。另一方面，共同商量决定的问题里面包含了员工的正确意见，员工执行起来，就会更加自觉；同时，领导者用商量的方式与员工研究问题，还可以增强员工对领导者的亲切感，从而进一步加深彼此之间的感情。在这样的领导者手下工作，员工就会感到心情舒畅，有话愿意说，积极性就能得到有效的发挥。

作为一个女领导，如果你可以深入到员工当中，以定期召开员工大会的形式，和员工们就对公司准备出台的重大决策进行商定、讨论；并发动员工献计献策，提合理化建议；同时成立公司民主管理委员会，吸收各个层面的员工参加，共同研究决策等等。那么你这个温柔、民主的女性形象会很快得到员工的认可的。

女人要创造财富，专注很重要

如果想找到一个让你能坚持到底的方法，好像很难，因为你已经知道了就是不能坚持住！

那么，我们可以从另一面去找一下看看，就是——哪一些是“不持之以恒”的，被分心——注意力被什么更好玩的吸引走了；懒惰——懒被窝之类；贪图享受——快乐酒吧、喧嚣的舞场、刺激的聚会等；厌烦、浮躁、急功近利等。

作为一个女性，在职场上立足已经是很不容易的事情，如果是要创业的话，难度更加大，专注于一个行当，用心去体会，细心去发掘，也许你会很快找到成功的路途。

2003年“欧神诺”杯居室设计大赛8月8日在长沙湘麓山庄进行了颁奖仪式，当经典名品装饰设计总监陶群从大赛主办方——中国室内装饰协会领导手中接过湖南唯一的金奖奖章和鲜花时，现场响起了持久不息的掌声，所有的媒体所有的业内人士都把目光投向陶群——家装界的新宠儿。

很多人都很好奇，为什么一个小女子，会在似乎是以男性称霸的家装行业获得这么大的成就，当很多人问及答案时，陶群微笑着说：“在于我喜欢用心去做设计”。在大学她就按自己的兴趣选择了室内设计专业。

1998 年毕业后，她一直从事设计，6 年的磨炼，虽然有成功、有失败，但是她更确定自己的方向，没有什么比做自己喜爱的设计更开心的事情了。她在与客户的沟通中了解他们的兴趣爱好、家庭结构、社会背景、风格取向、经济投入等各方面的情况，然后静下心来，给自己几天的时间，为客户精心做设计。

有一次，她和一位业主合作，每次交出去自己的设计稿，都要被业主无情批评，但是她却以女性的温柔和耐心，试着更努力去理解对方，在第五次设计稿交出去以后，这位业主看了设计稿很长时间，然后微笑着对她说，你会成为一个著名设计师的！就凭借你的耐心和细心。此次陶群获奖作品是山水芙蓉的一套独体别墅的设计，很多专家看后，都为这位年轻女子的才思所折服。

陶群常常说，要认真做事，能把事情做对，要用心做事，能把事情做好。无论做什么，都要学会用心！

设计这个行业是属于有心人的世界，对待业主要像对待自己的家人一样，只有自己设身处地，无微不至地替业主着想，才能真正的把一幅好的设计作品提供给业主。用心的工作，用心的生活，每个人都将从中体会到快乐。

作为一名成功的事业型女人，陶群告诉很多人说，“作为一个新时代的女性，我觉得有事业上的成是不够的，还要经营好自己的家庭，家庭的温馨就是我做家装设计的灵感源泉。”

每一个女性都要做到，有事业的同时，还有一个温馨美满的家庭！

有福同享，切莫“吃独食”

不论在什么时候，都要铭记有钱大家一块儿赚，吃独食只会身陷死胡同。

不做霸盘、不吃独食的做法，是具有前瞻性的，不仅有利于当时各商家之间的平等竞争和相互协作，而且在当今的商业环境中，也是与时俱进的做法。社会分工和专业化趋势的不断加强必然要求企业在平等竞争的同时相互协作，资源共享，维护共同利益空间，才能构建企业与企业之间完善的生产链。

曾经是互联网巨无霸的美国在线，从接入到内容提供服务，无所不包，很少和其他内容提供企业和技术公司合作，独立向用户提供全套的服务，垄断了信息、客户以及技术资源。短期之内，美国在线发展迅速，但是他们一味排挤其他门户网，让美国互联网中的门户领域整体实力下降，从而最终伤害到自身利益。现在，美国在线的日子过得很凄惨，更惨的是没有人同情它。而Google等搜索类型网站就很聪明，它帮助众多的网站赚钱，这些网站则帮Google赚钱，广告客户非常合作，他们的广告可以出现在各种各样的网站上，而且价格低廉。所以今天，Google市值超过了800亿美元。盛大网络总裁陈天桥也曾经多次表述：就目前的资金能力来讲，完全可以收购全中国所有的网络游戏公司，但是绝对不会这么去做。原因很简单，即全盘垄断并不是这个行业为用户提供卓越服务的良好模式。如果全盘垄断了资源，缺乏竞争，开发商和代理商的内容服务质量必然整体下降，玩家并不能从中获得与付出代价相对应的娱乐服务，必然会伤害到消费者的利益，以致伤害自身利益。利益是产业链的催化剂和润滑剂，没有利益驱动，很难建立牢固的产业链。可见合作共赢不仅是某些优秀企业内在要求，也应当成为整个商业社会的整体共识。

并不是只有Google和盛大网络才有能力打造产业链，合作、分享资源和利润。很多中小企业都应该把分享资源、合作共赢这一思路纳入自己的发展战略中。资源垄断是很多大型企业得天独厚的条件，而后进的中小企业如果不自量力，总是试图垄断某些资源，往往既不能促进其自身发展，也会因为破坏共赢局面阻碍自己发展和成长的进程。中小企业需要认清市场环境，做好自身定位，不参与恶性竞争，为行业价值链提供自己力所能及的服务，维护行业价值体系的健康有序，才能真正把整体利益最大化，从而为自身的发展和成长提供良好的环境和契机。

浙江是全国有名的商业经济发达区，这里并不是将几十个、几百个家庭的小企业合在一起，成立一个股份制大集团，而是进行了生产大分工，将一个产品分解成几十个、几百个零部件，每家只生产其中一两个零件，然后经过市场交换进行产品组装。他们经济发展的一个重要特点就是由优势产业、关联行业、上下游协作配套，形成大小业主和谐共生的内部条状、外部块状的特色产业区域。也就是说，他们通过专业化协作进入大龙头企业主导的价值链。如柳市的正泰95%以上的零部件在本地采购，在经营上一直延续着无利息的“社会负债”式运转模式——占压供应商货款2~3个月，占压的款项占到总资产的30%~35%。柳市人评价，与其说是正泰成就了1200个协作厂，不如说是那1200个协作厂成就了正泰。有人把浙江的这种经济称为“小狗经济”，在一个上千条“小狗”组成的经济结构中，每一个零部件车间都变成了一个甚至几个、几十个独立的小企业。这些小企业，通过市场进行连接，使得整个区域就是一个大集团。

商业上的竞争并不是你死我活的“零合游戏”，更多的时候是相互依赖，共生多赢。企业应该从以下几方面入手，宏高立志，谋求企业的长远发展。

有一位女企业家为正在创业的女性朋友提出了一些建议，她认为经营企业要做到合作共赢，下面几点更为重要。

1. 形成产业链，达到多赢

在区域经济一体化的大背景下，企业应当按照分工协作的要求进行战略规划，不吃独食，而是形成产业链。这不仅可以扬长避短，形成科学的产业结构，避免相互复制，形成不必要的产品、产业重复，而且可以大大地降低生产成本。总之，通过这样的分工效果，既可以达到多赢的效果，也能促进企业充分合理配置更大范围内的资源要素，有利于充分利用企业的外部资源要素、市场，拓展企业发展的空间，形成新的竞争优势。

真正的市场是需要大家一起来做的。企业的合作，本质上也是一种相互“喂养”的关系。只要企业间进行友好的、有效的相互合作，就可以克服自身的局限，通过取长补短而实现双赢的目标。

2. 开展良性竞争，不搞市场垄断

企业家们在“企业再造”的过程中，应该坚决摒弃“关起门来当老大”，做小老板、求小安稳、谋小实惠的保守观念和“宁做鸡头，不做凤尾”的错误认识，学会与人合作，与大企业合作，以便借船出海，克自己之短，用他人所长，使企业不断增加活力，迅速得到发展。

3. 广泛开展企业间的合作，实现利益共享

合作就是有钱大家一起赚。当然，合作的形式也不只是一个相互带动的问题，还可以通过强强联合、强弱联合、配套协作等多种形式来进行。与大企业相比，中小企业尽管有经营灵活、应变能力强的优势，但它的人力、财力、技术毕竟有限，承担风险的能力较弱，中小企业如与大企业配套协作，充当配角，则可扬长避短。同时，中小企业尤其是小企业通过区域专业市场交换可以实现生产链接，获得外部规模经济；或通过专业化协作进入大龙头企业主导的价值链。而作为大的龙头企业，则可以通过当地极为丰富的配套资源，将生产要素的竞争外部化，获取成本和集约优势。

对于高新企业来说，为伙伴提供公平的合作环境是新技术发展的动力，不安于某种状态，应对于某种竞争，是企业技术创新的动力。而一旦出现新技术，其市场化的实现则依靠整个产业圈的合作推动。产业圈，或者叫做产业群，在竞争日趋复杂、知识导向和动态的经济实体中，其角色也越来越重要。企业是否健康，新技术是否得到最广大的市场认可，与其产业群体制有必然关联。而这种有效的关联，则需参与厂商从技术实现上建立一个可供其他厂商公平合作的氛围，即强调产业群体技术共享。创建、维护“不吃独食”的公平竞争环境，促进技术以更快的速度发展，各相关企业的技术创新，必须走开放标准之路，这就是“兼容”的意义；而兼容就是技术分享。

与众商家利益共享，不做“霸盘”，而最终也实现了企业自身利益的最大化。企业在自身发展过程中也不可能面面俱到，特别是高效率的生产要求也不允许企业做“孤家寡人”。因此，企业间的合作和一定程度上的利益共享是企业做强、做大的需要。

盲目崇拜只会自取其辱

不要盲目模仿他人，这样只会适得其反，不仅要“知其然”，还要知其“所以然”。每个人都要根据自己的特点，扬长避短，寻找适合自己的形象，盲目模仿别人的做法是愚蠢的。

盲目崇拜只会自取其辱，聪明的女人从来不会搬起石头砸自己的脚。

有一个聪明的商人，带着两袋大蒜，骑着骆驼，走了非常远的路，来到一个从来也没有见过大蒜的地区。商人把那两袋大蒜给了人们，那里的人们觉得大蒜的味道很不错，都非常热情的款待了那个商人，商人临走时，那里的人们决定送给商人两袋金币作为酬谢。另一个商人听说了这件事后，决定带两袋洋葱去那个地方，那里的人们觉得洋葱的味道比大蒜的味道还要好，便更加热情的款待了他，临别时，人们觉得用金币表达不了他们对商人的感激之情，所以，人们一致认为，送给商人两袋大蒜。成功不可以复制，做生意如此，管理亦如此。谁步入后尘，不加分析的东施效颦，得到的可能是“大蒜”。

有一只乌龟经常爱从马路下边散步，可是乌龟的身体高不过马路，勉强能看见马路边。一天乌龟正悠闲的走在马路下边，突然看见自己的“手下败将”兔子飞一般的向前方跑去，乌龟此刻感觉挺佩服兔子的。从此以后乌龟就以兔子为奋斗目标，它每天练跑步可是总练不出兔子那样的速度，乌龟纳闷了，于是，它就去请教人。当它说出这个问题的时候，那个人回答说，就说你爬地慢就算了，还学人家兔子跑。你真是落后，你看见兔子跑的像飞一样那是他开着摩托车，就你单靠四肢能比过他，兔子都用上高科技了，你还那么落后，你要做回你自己。盲目的崇拜别人到头来只会迷失自己。

春秋时代，越国有一位美女名叫西施。她的美貌简直到了倾国倾城的程度。无论是她的举手、投足，还是她的音容笑貌，样样都惹人喜爱。西施略用淡妆，衣着朴素，走到哪里，哪里就有很多人向她行"注目礼"，没有人不惊叹她的美貌。

西施患有心口疼的毛病。有一天，她的病又犯了，只见她手捂胸口，双眉皱起，流露出一种娇媚柔弱的女性美。当她从乡间走过的时候，乡里人无不睁大眼睛注视。

乡下有一个丑女子，名叫东施，不仅相貌难看，而且没有修养。她平时动作粗俗，说话大声大气，却一天到晚做着当美女的梦。今天穿这样的衣服，明天梳那样的发式，却仍然没有一个人说她漂亮。

这一天，她看到西施捂着胸口、皱着双眉的样子竟博得这么多人的青睐，因此回去以后，她也学着西施的样子，手捂胸口、紧皱眉头，在村里走来走去。哪知这丑女的矫揉造作使她原本就丑陋的样子更难看了。其结果，乡间的富人看见丑女的怪模样，马上把门紧紧关上；乡间的穷人看见丑女走过来，马上拉着妻子、带着孩子远远地躲开。人们见了这个怪模怪样模仿西施心口疼在村里走来走去的丑女人简直像见了瘟神一般。

这个丑妇看到西施皱眉的样子很美，却不明白她皱眉的样子为什么美。比喻不了解人家真正长处，而去生搬硬套，结果事与愿违。也泛指机械的模仿者愚蠢可笑。或者：不要盲目模仿他人，这样只会适得其反，不仅要“知其然”，还要知其“所以然”。

每个人都要根据自己的特点，扬长避短，寻找适合自己的形象，盲目模仿别人的做法是愚蠢的。

第五章

理清女人财富弱点，成功将离你不远

曾经有个生意人说，要赚钱，就赚女人的钱，因为她们的钱是最好赚的。女人有自己的财富弱点，认识到这一点，便是改变这一点的开始！

女人的财商可撑起一片天空

女人的财商能够为女人撑起一片天空，让女人更自信、更出色。女人努力挖掘自己的才干，培养和提高自己的财商，能够为自己建立稳健的财务结构，为自己积累丰厚的财富。

财商是一种理财能力、一种素质，是每一个人都应该拥有的。财商高的女人能够轻轻松松地理顺人生与金钱的关系，善于发现致富的渠道，因此，她们很容易在人群中脱颖而出，成就不平凡的事业。具有高财商的女人对生活充满挑战，对于她们而言，每一次致富实践都是一次全新的人生历练。

女人要真正地与男人比肩而立，就要在经济上取得独立的地位，就应该努提升自己的财商，化被动为主动，不要只满足于能够养活自己，应主动创造财富，迈向事业的顶峰。

财富不是从天上掉下来的，创造财富的过程必然伴随着劳累与辛苦，有时还免不了遭受失败的打击，但是追求成功的人却不能因此而放弃。只要你付出了，就不会一无所获，你的每一段经历都是宝贵的人生财富，辛苦也罢、劳累也罢，那份心灵的充实感一定不会让你

苏珊娜·克拉腾是德国著名投资家昆特的女儿。昆特家族作为宝马公司最大的股东，占有该公司近一半的股票。苏珊娜虽然出身于豪门，但自小勤学上进，严格要求自己。她在英国伯明翰大学获得企业管理学士学位，在瑞士洛桑大学获得工商管理硕士学位，并且在多家银行和公司工作过，积累了很多的经验。

苏珊娜·克拉腾是宝马公司董事合成员，也是阿尔塔纳制药公司的最大股东，因而她对两个公司的运行有绝对的发言权。虽然总是居于幕后，苏珊娜·克拉腾从未都不放松对公司的管理。当宝马公司决策失误，购买

了英国罗孚汽车公司而造成严重亏损时，是她在董事会上坚持将罗孚公司卖掉，并义力主将负责这一事务的高级经理开除。同样，在阿尔塔纳制药公司的于公司米鲁帕公司只亏不赚时，阿尔塔纳制药公司毅然将该公司卖掉。她敢于果断决策，使这两个公司在德国经济发展缓慢的整体形势下保持了经营状况的稳定，并取得了营业额的持续增长。

当卖掉罗孚公司的决定下达时，曾引起轩然大波。不仅不少宝马公司的管理人员不理解，而且罗孚公司的英国雇员也表示抗议，但苏珊娜不为所动，坚信自己的主张是正确的，显示了她高出常人的财商和过人的胆识。最终的事实也征明了她的决策是完全正确的。

女人善于理财才不会失去自己的地位，才能保证成功的根基。女人努力挖掘自己的才干，培养和提高自己的财商，能够为自己建立稳健的财务结构，为自己积累丰厚的财富。

女人千万别做“月光族”

在繁华的大都市中，有很多年轻的女人被称为“月光族”。她们喜欢超脱、随性的生活，不仅“有一流的赚钱能力，更有超一流的挥霍手段”，以“今天花掉明天的钱”为时尚。

当大多数“月光族”真正开始持家时，这种生活方式便受到了极大的考验：一旦遇到不时之需，便会囊中羞涩。那么，怎样才能不彻底改变这种生活方式，又不让自己的钱包轻易地瘪下去呢？这就需要动一点儿脑筋，通过一些简单的理财方式，让自己轻松地变成“财女族”。

减少美容次数，如果你还未满25岁，或是皮肤比较薄，那么你只需根据自己的皮肤特点，每半个月或是20天做一次皮肤护理即可，完全没有必要每周都往美容院跑。这样不仅更利于保养皮肤，每个月还可以省下几百元。

根据需要购买日常用品，很多时候，好看的东西并不适合你，有些别人用着根不错的东西，你可能根本用不上。即使对你来说非常有用的东西，也要先想一想家里是否已经有了它的“兄弟姐妹”。经过这样的考虑之后，你的钱袋便不至于因盲目消费、重复消费而很快变空了。

尽量不跨“行”取款在大城市中，各类银行如商铺一样遍地开花，存取款都非常方便。但是，按国家规定，同城跨“行”取款，每笔都要收取一定的手续费。所以，即使要多走几步路，也不要跨“行”取款。因为，虽然每笔的手续费并不多，但一年下来，你会发现少走几步换来的代价并不低。

购买打折品要三思，很多女性朋友喜欢买打折产品，但是一定要留意是否可以退换或保修。很多打折产品是不能退换和保修的，一旦出问题就需要自己维修。细算下来，买打折品并不比正品省多少钱，而且还要操心费力。所以，买打折产品要三思，如果不能退换和保修就宁可不买。

不要做“尝鲜”者，第一个“吃螃蟹”的人虽然勇敢，却往往要付出相应代价。不要轻易做尝鲜者，尤其是对一些电子产品。如果你对某种刚刚面市的电子产品非常心动，不妨将购买的时间推迟半年。半年后你会发现，在不知不觉中自己已经省了成百上千元，而该产品的品质很有可能比半年前的还要好。

以上介绍的理财技巧都非常简单易行，只要你控制好自己的消费欲望，很快就会改变“月光”现状，开始轻松的“财女”生活。

应该如何支出有限的金钱才能既让自己享受生活又不会沦为“月光”一族呢?

建议一：“不动产”千万不要动。

所谓的“不动产”，是指你每个月必须支付的房租、水电、通讯费、交通费、柴米油盐等的费用。如同鱼儿离不开水一样，这些费用是你生活中不可或缺的部分，能保证你最基本的物质需求。

在发了工资后先把抽出来 1/3 的“银子”，记住无论如何不要动用这部分费用。

建议二：每月如实向银行“交费”，为自己留条退路。

这部分费用也约占你收人的 1/3。或许，你会说我每个月都在向银行

“交费”呢！

你的储蓄要能保证你三个月的基本生活。而且这笔存款可以成为你的定心丸，实在工作得不开心了，可以无需再忍，愤而挥袖离职。想想是多么大快人心的事啊！

建议三：消费时量力而行。

剩下的这部分钱，你可以根据自己生活目标，侧重地花在不同的地方。譬如节假日可以安排自己旅游。服装打折时可以购买自己心仪的衣服；还有平时必不可少的购买CD、朋友聚会时的开销等。

但是有一点，请不要对名牌产品趋之若鹜。名牌产品虽然很吸引人，但却要付出不小的代价，想买，还是等身价提高后再考虑。更不要跟着时尚走，每每逛街非得血拼一回才罢休。

如果很不幸，你把这部分钱花完了，那么就当成一次教训，可以惩罚自己一个月内什么都不能买了（就当是收入全部支出了吧），印象会很深刻而且很有效。

建议四：不要轻易负债。

除非是生活上遇到了困难向朋友借钱救急债还清，否则不要轻易向别人借钱用。一旦经济状况好转时要立即把

你应该知道，节流只是你生活工作的一部分，就像大厦的基层一样。这个基础必须打好，并养成良好的节流习惯。只有基础扎实了，才能为你日后进一步实现新目标、生财有道助上一臂之力，尽量不要让实际的开支超过预算，否则会给你带来很大的心理压力，更不要去借钱消费，那样会让快乐的节日气氛大打折扣。

女人要幸福，经济要独立

女人要幸福，首先要经济上独立。

“有一个男人财产达5个亿，他的太太37岁就去做了拉皮手术。刚才

手术不多久，这女子要求做一个心理咨询。”别人都对女子的行为很奇怪，既有钱又美丽，为什么还不幸福？

女子说：“整天都有很多比她更年轻更美丽的女子围着老公转，我感到很不自信，怕老公会离开她。”

这个女子的老公是富翁，但她的经济上并不独立，要想花钱也得找老公要，要孝敬父母都得请示老公，而且，她的儿子也说，父亲很能干，可妈妈整天就知道玩……

表面的光鲜，并不能代替经济上不独立的现实，这女人其实并不快乐。

女人经济、意识不独立，法律措施缺位是家庭暴力悲剧的主要原因。多数女人为了照顾家庭子女或自己就业条件差等问题，没有独立的经济来源，基本靠丈夫挣钱养活。经济地位的不平等引起婚姻关系危机，从而容易产生家庭暴力、婚外情等现象。

在大学里，有一种说法：学得好，不如嫁得好。这种思想其实有很大的局限性。仅仅是嫁得好，不靠自己的实力想要过上幸福的生活，实际上，这又是一种变相的不独立。有的时候，世事变幻，一旦没有把握好，这样的幸福也如易碎的水晶，可能转眼即逝。

别把投资置于一“篮子”

作为一个现代女性，怎样投资呢？又如何规避风险呢？

在投资活动中，风险是无法回避的，你可以尽可能地让未来投资都在你可以接受的风险程度内运行。

比如银行存款和国情，尽管收益只有1%～2%，但其资金却具备相当大的安全性。因此经常成为一些风险承受能力较低的人群的首选；而信托收益3%～5%，应该比较适中，但投资该类产品需要放弃一年到三五年不等的资金变现权利，要承担信托公司违规的风险；股票是风险程度较高的投资，但其高收益同样得到大家认同，如果赶上上升浪，收益30%甚至50%的投资者也不在少数，但要不幸赶上了下降走势，那资金腰斩再腰斩的事情也不是新闻；开放式基金的最终投资目标同样是股票，但与直接投资股票不同的是，它是借助专家的眼光理财，让理财经理帮你设定投资组合，因此风险降低了一个级别，但与此同时，你也不得不放弃可能得到的更大收益，因此同样收益也下降了一个级别。

很多女性开始随着市场，做股票，同样是股票投资，在不同产品中也大有差异。大盘股、绩优胜的风险比较小，但这些股票由于炒作空间不大，股价相对比较平稳，收益水平也属于中等。而那些具备了一定概念的、适合短期炒作的品种可能获益空间比较大，但同时也蕴藏着比较大的风险。

风险和收益是永远解不开的结，如果你追求安全，你将获得较低的收益，而在长期投资中，你也会为承担风险而获得补偿。

既然风险无法回避，就不要去回避它。你完全可以通过组合投资来设定一种风险，从而使得未来投资都在你可接受的风险程度内运行。

著名理财专家提醒女性朋友如果我们把投资理财比喻为打仗，就可以依据自己的实际情况将资金分成“守、防、攻、战”四种形式的投资。用作“守”的资金，应主要用于银行储蓄、置业、买保险等方面；起“防御”作用的资金，则应用于购买国债、企业债券、投资基金、信托产品等；“进攻”性资金可以用于股票，买外汇等；用作“激战”的资金可拿来炒期货。

对这4类资金的动用也应该掌握一个比例。一般来说，30%的资金用于“守”，30%的资金用于“防”，这样就有60%的资金用来自保。另有30%的资金用于“攻”，只能把10%左右的资金用在绝对投机、短线炒作的“激战”上。

适时调整化解风险影响投资理财活动的因素是千变万化的，所以在确定理财目标之后，在合理配置资金运用的基础上，还必须根据各种因素的变化。适时地调整资产结构。才能达到提高收益、化解风险的目的，比如说，你虽然确定了一个分别投资股票和投资债券的资金比例，但不应该死守这个比例，而是要根据各种因素的变化，较为灵活地调整这个比例。

投资无法避免“忧虑”，但“忧虑”却可避免冲动投资。就个性而言，女性天生比男性多一分谨慎。是否进行某项投资，女性往往会小心行事，并对可能的风险心生忧虑。有的时候，可能显得过于缺乏自信，但“忧虑”确实减少了女性犯错误的机会。在调整自己的投资组合时，女性应该更谨慎一些。

投资需要丰宣的知识。有人把投资当作赌博，觉得赔和赚就是个人运气的问题。这是极其错误的，怀着这样的心态去投资，无异于“瞎猫撞死耗子”，成功的几率少而又少。投资是智者的游戏，至少关于理财的大量术语就必须很清楚、很明了，一些简单的收益计算、风险测评技巧也应该掌握。如果要投资股票市场，连一些公司的基本财务状况也不熟悉，怎能作出正确的选择？我们虽然不用像理财专家那么专业，但至少不能一无所知，盲目进行。

投资离不开交流与协作。女性是非常乐于沟通和交流的，相比于总是摆出一副高深莫测的面孔，把自己当作专家的男人，女性更有谦虚和合作精神。通过开放性的相互交流、相互分析、相互指导，女性获益匪浅。

投资应注意养老收益。不要觉得年老力衰是很遥远的事，现在无须考虑。你的轻率有可能导致多年积蓄在若干年后被疾病和衰老掏空。女人应当把养老当作头等大事来对待，在投资组合中不能不考虑到。建立你的个人养老账户是明智之举。“跳槽”，白领丽人们早已司空见惯，但千万要记住：换工作的时候，要将养老基金从原来的账户转入新的账户，而不是全部取出，这也更有助于养老计划的实施。

投资应成为一种习惯。投资对于每个女性来说，都是一个充满挑战性的课题，谁也不可能一蹴而就。但如果你把投资视为一种习惯，你就会慢慢地爱上它。开始，你可能比较保守，只敢涉猎最基本的股票、债券、基金，即便失败也不要气馁，告诉自己只是在训练，久而久之、随着经验的丰富与技巧的提高，你也可以把部分资金投在风险系数较高的领域，你也可以在多种投资工具中寻找到一个最佳的平衡。在投资上，女人可以像打扮自己一样得心应手。

郭佳今年27岁，在一家大型物流公司担任部门经理，事业处于刚刚起步阶段。为了给自己充电郭佳打算在职读MBA，这需要一笔不菲的费用。如何协调收支平衡呢？

郭佳通过客观的分析认为，自己的事业虽然刚开始起步、但承担风险能力强，可以在高风险、高收益的股票投资上投入较大比例；而攻读在职MBA的巨额学费，则可以通过贷款方式解决，只要投资收益高于贷款利息，就是划算的。

郭佳通过听取专家建议，为自己设计了以下的理财方案：

开通工行“银证通”，运用10万左右（一般是资产的60%）的储蓄进行股票投资。在投资时机不明朗时，可以将资金留在工行账户上存1天通知存款。收益比活期存款要高一倍；根据开正券商的不同、工行可赠送“组合宝”或“财宣通”等股票投资咨询服务，帮助她提高投资成功率。

将4万元左右（一般是资产的30%）的资金购买工行代售的各种开放式基金，分散投资风险。

申请工行“幸福贷款”系列的助学、升学贷款8万元。用以缴纳攻读在职MBA的学费。

存1年期定期存款2万元，这部分储蓄重点作为应付突发事件的应急储备金，还可以获得定期利息收益。

流动现金储备不必超过5 000元，日常支付多利用工行牡丹贷记卡，最大限度地提高资金运用效率。

事实证明，这个投资组合是安全而有效的，郭佳可以更放心地投入到工作和学习中去。

对于女性投资，逃避风险不如适当承担风险。一味地回避风险，将使自己的资产大大贬值，根本实现不了稳健保值的初衷。有段时间，借股市行情不好的机会，很多债券基金都热炒自己的“安全“概念。可后来债市和债券基金的大跌，说明了安全的投资其实是不存在的。重点通过股票基金长期系统投资股市，将是普通女性积累财富的好机会。

将鸡蛋放在不同的篮子里，是一切理财的基础，也是幸福生活的保障。

你可以将35%左右的资金用于储蓄。随时想用的钱存成活期，固定收入除生活费外存成零存整取。大笔暂时不用的现金可以有本取息，有计划目标时可以选择3个月、6个月、1年、2年、3年、5年期储蓄。

将30%左右的资金用于购买国债。其优点是免征利息税。收益率比定期储蓄高，兑现也不难，只需到银行储蓄网点办理提前支取即可。缺点是不到半年提前支取不计息。超过半年提前支取按各个档次分段计算利息。但要收取0.2%的手续费。

将10%左右的资金用于投保。投保未出“险情“时如同储蓄，出了“险情“受益匪浅。虽说保险好处多，但现在它仍不能完全与银行储蓄相比。储蓄可以随时支取，保险则是在保值增值的同时，在发生意外事故后才能给予赔偿，保险不能不保，也不能过量。

将5%左右的资金用于购买股票。股票流动性很好，基本可以随时兑现，而且收益率较高，但风险也很大，出于稳妥心理少量购买，即使损失也很有限，即使上涨也不要狂追资金。在投资问题上，女人应始终保持一颗平常心、不贪心、不急功近利，才能立于不败之地。

将剩下的资金用于日常消费或其他投资，比如一些未来可能增值的艺术品等等，当然是在自己能力许可范围之内，这类投资出于爱好的成分较多，也许通过欣赏杰作陶冶情操本身也可算作一项不错的人生投资。

不同的女人一定会有不同的投资策略，选择不同的投资组合，在投资理财上走出一条具有自己特点的路子。只要时刻把握流动性、安全性、收益性相结合的原则．就一定能达到不错的效果。就像李嘉诚的一句名言：“根据投资的法则，不要把所有的鸡蛋放在一只篮子里。”让你的财宣安全快速地实现增值。

不能被金钱欲所奴役

曾经有一本杂志做过一个街头访问，被访者是路上随机遇上的妇女，问题是“你在什么时候感觉到金钱的压力最大？“很多女人回答说，是在明白自己原来的经济靠山突然消失时，压力特别大，而且会为自己缺乏一定得理财能力而焦虑。

这里有一个故事。作为女人，如果你没有一定的理财能力，或是你的经济靠山和这位老妇人有相似之处，那么很可能也会陷入下面这个老妇人的悲惨境地。

73 岁的寡妇马莲哭诉她的遭遇：“我不知道该怎么办？我从来没有工作经验，柯林一手包办经济问题，让我向来衣食无忧。可是自从 3 年前他过世以后，我就只能靠政府救济金和以前留下的一点钱过日子。现在那笔钱也快用完了。”

“我真的被困住了，因为我完全不会赚钱。在我一生的岁月中，我积极参与了许多社交活动，但是没有半个社团可以提供给我工作。如果我做义工，奉献时间，很好；如果要薪水，免谈。可以说我对人生已经看破了。”

“现在我几乎所有时间都在想钱，挥之不去，因为总是有些还没付的账单，在我脑海里转来转去。我大部分的精力也都放在理财上，因为稍有疏失，我马上就要勒紧裤带。柯林在世的时候，我从来没真正碰过钱，只要管他给我零花的部分。我不必担心还有什么账没付，顶多控制一下买菜的预算。我甚至不知道我们存了多少钱。”

“但愿柯林曾给我机会，跟他一起管钱，那我现在就不致坐困愁城，一筹莫展。他总是保护我，一不让钱的事困扰我，而他也的确处理得好。只是我今天成了一个大输家。我并不为自己难过，只是遗憾柯林未曾让我参与一二，以至于他走了以后，我才对自己的处境大吃一惊。”

“我们存的钱，比我想像的少。我不知道怎么办或可以找谁求助。我试过所有的想得到的办法，可是没有一个行得通。”

“过去我总认为，还有很多东西比钱重要。现在我再也不这样想。如果5年前你问我，我会说爱、快乐、健康等都比钱更重要。我过去真的这样相信一直到我没有钱付账单、或不能过想过的生活才觉悟。”

“钱是惟一能买到安全感的东西，深夜里我独自坐着发抖，因为我怕抢劫。这一带原来是个很好的社区，现在却充满危险。”

“从前，我想都不会想为钱去伤害任何人，或做任何坏事。但现在我三餐不继，只要能赚钱，不惜做任何事。”

“我并不真的了解信用的价值。但现在没有任何地方相信我的信用，所以我不能筹到资本，在家里做点什么活。柯林也不喜欢信用制度。我们惟一不是用现金买的东西，是我们的房子。我甚至不知道多少钱，只是老听柯林抱怨太贵。还是一样，他安排好每次准时去付款。他是一个守信的男人。”

“至于我，我将在贫穷中度过余生。我看过很多推理小说，也在想，如果够小心的话，我可以把人谋杀，而不被发现。为了100万元，我可以杀死任何人。”

这是一个阴沉的故事。一个受惊的老妇人梦想着一个永远不会发生的谋杀案，全是因为无力改善经济状况。我们必须从中学会教训。为此，我们每个人都应该早早学会一生理财用钱的计划。

我们一生中不同生命阶段的生活重心和所重视的层面不同，每人的用钱计划也会有所差异。专家建议，我们应该根据人生的不同阶段，制定出与之相适应的、恰当的用钱计划。

1. 起步（20岁~24岁）

即从参加工作至结婚的时期。特点：刚刚工作时收入有限，而且几乎没有什么负担，所以很多人会将大部分的金钱都花在吃喝玩乐上，这完全可以理解。但是，请不要忘了，这个时期是未来家庭资金积累期，你必须为结婚做好准备，这一点有多重要，想来就不用废话了吧。因此这段时期的主要内容除了努力寻找高薪机会并埋头工作，还要广开财源着手用钱投资。投资的目的不在于获利而在于积累资金，即以储蓄为主。此外，可抽出小额资本进行高风险投资，目的是取得投资经验。另外还必须存下一笔钱，一为将来结婚，二为进一步投资准备本钱。此时，作为年轻人的保费相对低些，还可为自己投保人寿保险。减少因意外导致的收入减少或中断后的负担，只需花极少的钱，如：拿年收入的5%—10%购买意外残疾、急救医疗、重大疾病的保险。总之，这一时期最好是养成做预算的习惯，有意识地控制自己的消费，在花钱享受人生的同时，也将一部分的收入积攒起来，及早养成这个习惯，理想的收成亦会早日实现。

2. 建立家庭（25岁~35岁）

在这段时间，多数人会开始负起成年人的责任，成家立室，贷款买房以及生儿育女，负担变得沉重起来，要支付租金（或者按揭）、伙食、养育子女、娱乐等费用，还要为将来做些必要的准备，比如子女的教育费用、养老计划等。这个时期是家庭的主要消费期，因此这段时期的主要内容是合理安排家庭建设的支出。面对各种不同的需要，有效地控制开支格外重要。虽然收入增长了不少，但随着家庭开支的提高，要想积累较多的财富也不太容易，所以，重要的是保护好已经拥有的财富，不要盲目地参与一些风险较高的投资活动，因为现在你承受风险的能力还有限。另外，为保障一家之主在万一遭受意外后房屋供款不会中断，一定要拨出小部分钱投保，可以选择缴费少的定期险、意外保险、健康保险等，但保险金额最好大于购房金额以及足够家庭成员5至8年的生活开支，以保证在你遇上不幸时，你的家人不会受到债务的困扰。如有余钱可以适当进行投资，鉴于财力仍不够强大，最好选择安全的投资方式，如储蓄、债券等。

3. 步入中年（35岁~50岁）

步入中年，经济环境比年轻时已经富裕多了，子女在这个时候行将进入社会工作，但亦是养育他们经费最昂贵的一个阶段。

这段时间，你应该好好运用余下的收入，增加对养老计划的投入。其次，也可以建立自己多元化的投资组合，开始适当的介入一些风险较高的投资领域，比如房地产、股票、外汇等，进行定期的投资。当然，最好有一位专业的财务顾问，为你提供投资意见。伴随收入的上升，你的责任亦增加了，你可能需要检讨一下你的保险需要，适当的提高一些保险的保险金额，扩大保障的范围。

4. 退休前（50岁~60岁）

现在，你的子女都应该成人，独立生活了。你与你的伴侣有足够的金钱享受人生。退休前的日子多半会是你收入最多的时候，而小心处理这笔收人，你便可以充分利用这个机会，加快财富的增长。在这个时候，你应该十分清楚退休之后对自己生活水平的要求，亦明白到当你离世时家庭的需要。因此，你也应该重新研究所持有的保险合约，有效地安排你的财产。当养老计划安排妥当后，你可以在咨询过投资顾问的情况下，加快投资的步伐。如果过去几年，你的投资组合风险出现了改变，你或许需要对投资的项目作出修订。

5. 退休后（60岁以后）

退休之后的生活是你的黄金岁月，由于有了以前精心的安排，需要操心的财务问题已经不多了。当然，退休后收入会变得有限，有效地管理开支十分重要。假如你在这个时期仍然能够增加财富当然是一件好事，但如果你的一生已经根据一个健全的计划筹备你的退休生活，你亦没有必要勉强为这个张罗。你可以开始运用你积聚的资金，因为你之前曾经小心选择保险计划，你的需要和过世后家人的需要亦已经得到全面的保障，现在是你享受丰硕成果的时候了。

当然，这只是一个人在人生不同阶段的基本原则。由于个人情况不同，每个人面临这几个时期的情形也会有差异。而且，阶段与阶段间有时也会重叠，因此，虽然有人主张以年龄来区分人生阶段，但人的个别差异实在太大，每个人经历人生重大阶段的年岁也有早有迟，我们认为还是以不同的生活内容和重心来区分阶段较合适，也较能掌握不同的用钱目标，制定不同的用钱计划。

犹太人坚信：金钱不是罪恶，人不能做金钱的奴隶。金钱会给人们带来好运，至少可以提供许多机会。

各位女性朋友，在懂得了金钱对于女性生活的重要性以后，在明白了我们需要明白的投资观念以后，赶紧动手，为自己留一条衣食无忧的后路吧！

聪明太太，时刻准备“保险柜”

“女性掌握理财权的时候到了”这绝对不是“三八”妇女节的时候所订的标语口号，也不是故意引起你争夺家庭财产权的纠纷，而是女性在家庭里的特殊地位所决定的。

身为现代女性，必须有面对现实的勇气，必须学会面对突如其来的变化。我们无法掌控自己的身体健康和生活状况，就像我们无法掌控天气一样，当生活变脸时，女性需要有一个“保险柜”做自己的坚强后盾。

年轻的小玲是典型的“月光族”。虽说每个月有6000多元的收入，可还房款、吃穿购物、美容减肥，再加上朋友聚会，基本上不剩什么。年初，小玲单位的一位同事因子宫肌瘤住院，生病开销挺大，再加上耽误上班丢了奖金，又没有买保险，导致经济压力不堪重负。于是，小玲从中吸取教训，每个月都从自己的工资中取出1000元作为备用，以防不时之需。虽然每个月少花了1000元，但却换来了充满保障的舒心生活。

职业女性要为自己防范风险。要知道，许多职业女性面临着千变万化的生活和工作环境，不少人长期处于亚健康状态。从快乐的单身贵族到日后成家立业，职业女性经历的生活环境和生活状态更是变化巨大，正是未雨绸缪的重要阶段。对她们而言，为自己的关键时刻；加备一个“保险柜”是必不可少的。

“女性掌握理财权的时候到了”这绝对不是危言耸听，也不是一句没有意义的口号，面临着市场经济的大潮，女性理财已经是一种潮流，也是一种趋势！那么，可能会有人疑惑，为什么女性应该主动接管理财权呢？

首先，女性是家庭日常开支的调控者，试问你们家里谁来负责每天的柴米油盐开销，或者谁来安排给家庭保姆必要的生活费用？其次，女性并不经常是家里主要的收入来源，但善于理财的天性决定了她对家庭里的收支状况一目了然。不知道自己有多少个账户，不知道哪个账户里有多少资金的丈夫们却并不在少数。

更重要的是，女性由于生理上的特点和社会就业的现状，收入一般会低于男性，从而使得未来养老金的积累大成问题；女性还经常是公司裁员或者被解聘的对象，因而必须准备自己的不时之需；而且被解聘之后女性再次寻技工作比男性又要难得多，女性为自己准备的不时之需也要多得多。

一个重要的理财观点是“钱不要放在一个柜子里”，提供给女性理财者的建议也是准备3个柜子。一个被称做安全柜，当失业或者失去家庭的主要生活来源时，它主要用来保护你的家人和孩子；另一个可以称为投资拒，它用来进行积累养老金的必要投资。你需要估计自己未来所需养老金来得出目前投资所需要的投资收益率；最后一个是风险柜，说的是你有余铁时来进行风险较高的投资，从而获取额外的收益。

牛萍女士，原来在外企负责销售，工资收入不菲，其丈夫也是外企职员，两人仗着每月1万多的工资进账，买下了一套100万的房子，贷款80万，每月还款达5000多元。平日里外面应酬多，饭局花销也大，年轻气盛的小夫妻少有积蓄。

就在这时，牛萍和老板有点意见不和，一气之下就把工作辞了。当时她认为辞工作后还可以再找一个，不愁没有地方要。可没想到的是，牛萍辞职了才发现，自己怀孕了……

所谓生活一道道坎，说的就是这么多意外。丢了工作，丈夫的收入要还贷款，两人又没有积蓄，养活该子面临一大笔支出，牛萍能想到的惟一办法就是卖房子。紧急出手，价格上已经没什么优势了，更何况，心高气傲的小夫妇如今却要搬到租来的房子里了。

如果未雨绸绍，在安全篮子里放上一笔3~12月的生活费，牛萍的境遇就不会如此了。

你可以把这笔费用称为“周转资金“，以应付失去收入时候的开支。你需要存储的确切铁数将以每月花销为依据，以牛萍女士为例，如果包括房货的支出，她为家庭存储的资金要在3万~10万。如果乐观一点，考虑夫妻不会同时失业，她的储备资金也应该是3个月到一年的工资收入，才能维持自己的财务状况，不至于在这种特殊时刻陷入财务“窘境”。

生活中谁都有可能出现危机，这时你的财务必将面临巨大的挑战。因此，女性应为这样的关键时刻准备个保险箱，以备急用。

会管钱的太太最可爱

善理家政的妻子一般都有很高的生活情趣和生活艺术。而对家政的处理很大程度上是与金钱打交道。

“在你们的收入范围内生活”。

这是作为妻子理家理财艺术的最高概括。然而，真正做好这一点并不是件容易的事。

现代生活中的妻子们面对着一个成比例的挑战，花同样的钱买下所能够买的东西，比10年前或者是5年前要少得多。各类物品价格的猛涨，生活消费水准的提高，孩子教育费用的增加等等，都使得现代妻子们花每一个小钱都得精打细算。

不管家庭的收入多少，应遵循“有钱就多花，没钱就少花”的消费原则。看起来这种做法等于没有处理好收支关系，没有将钱用在该用的地方。这实际上是一种毫无目的的花钱，等于将自己的钱让那些肉贩、面包商、时装商们去分享。

应该提倡有计划有预算地花钱。预算开销将告诉你削减那些不太重要的项目，将资金集中起来办一些重要的事。比如为孩子存一笔教育经费，购买房屋、养老保险金，以及添置一些必须的家用电器、工具等等。

如果你平时没有养成计划用钱的习惯，从现在开始就应当学习如何处理家庭财务。这也是帮助你丈夫走向事业成功的重要力，如果你的丈夫有相当的收入，但花销起来也大手大脚，你就应当帮他缩紧钱包，逐步培养他计划用钱的习惯。

女人不正确的购物心理和习惯，是男人一生的不幸。因为作为家里的“财政主管”，没有人能控制其花钱的质量。

对于那些喜欢用名牌商品的女人，男人要多加注意。因为，这样的女人往往会因其无法填平的虚荣心而浪费掉男人的一生。

我们经常可见一些追求时髦、喜用名牌的女性，几乎自头顶至脚尖都穿戴着名牌，走起路来就好像名牌衣饰长出手脚在走路一般。而那些女人是否个个均是富有之人呢？肯定不尽然。但她们通常能花少量的钱，巧妙地使全身上下皆是名牌。

基于名牌取向的根深蒂固，自然有人想借着它的魅力赚钱，因此任何名牌皆可见以假乱真的仿冒品。如路易威登之手提包是极受女性欢迎的名牌，其仿冒制造商便不下五六家。至于仿冒品的品质及种类也很多，一般而言，仿冒品的价格大约为真品的1/10，以这种价格买到名牌货的顾客皆心知肚明。

这些冒牌货使许多追求名牌的女人得意洋洋，尤其是有机会外出旅行，一见便宜的名牌货，生怕不即刻买下便会有所损失似的，这种女人是不会带给男人好运的。

事实上，到拍卖场所走走逛逛，多半会有几样特别便宜、引人注目的商品，但是其他商品则不比平日便宜太多，商家的用意便是利用顾客买超低价的物品时，顺便购回不便宜之物品，以达到销售的目的。而中了商家圈套的女性可说相当多，她们多半是受到当场热闹气氛之影响，而买下不必要的物品，这是大多数女性的心理。

如果你平时没有养成计划用钱的习惯，从现在开始就应当学习如何处理家庭财务。最值得尝试的方法便是记账，记账这种最传统的方法可以让你弄清楚自己的开销，并且可以从中了解自己开销有什么重复或是不当之处。

下面几点思路可以帮助你完成预算计划，也能提高你的理财艺术。

1. 将日常开销记录下来，使你对支出情况有个清楚的了解。在这些细目中分析哪些是应该开销的，哪些是可以节省的，以便日后注意。曾有一位妻子在月底清理账目时发现用于购买零食的钱就达 200 多元，这在她丈夫收入不太丰实的情况下，的确是个不小的数目。后来她改变了吃零食的习惯，也就节省了一笔可观的资金。

2. 根据家庭的实际需求列出每月或每年的开支计划。首先将你每月必须开支的部分列出来，比如食物开销、水电费、房租、孩子入托上学的教育费、医疗费、购置衣物费等等。其次计划出你本月或者本年度拟购买的贵重物品，如小汽车、彩电、空调等等。制定这些预算时你所必须遵循的一个最根本的原则就是一定要在你们的收入范围以内，否则，你就应当尽量减少那些不太重要的开销计划。

3. 储存一定数额的钱以便应急。虽然眼下你和你的丈夫、孩子都平平安安，你的亲朋好友也都顺心安康，但一些意想不到的灾害难免有随时降临的可能。如果你将每个月的收入都用于开销，你就无法应付这些意外的紧急事件。所以，留有一定的活动资金以备应急对一个家庭来讲十分重要。如果你临时向别人借款，不但不能保证顺利借到，而且还要欠人一大笔人情。

4. 将剩余的钱用作获取更大的利益。前面已经涉及要储存一部分钱留着应急，对于一个收入较多的家庭你也不必将所有的剩余的钱都存入银行，因为银行的利息毕竟太少。你可以将这些钱去投资一些有利润的商业活动；或者买一幢房子，然后出租给别人，收取租金；或者去办一个熟食店或者具有特色的杂货店，雇请一两名精明的人来经营，这样也可以获得更大的利润，达到钱生钱的目的。

第六章

甩掉女人交际弱点，社交女王就此开始

作为一个现代女性，社交是生活中很重要的一个部分，不仅和工作有关，也和养成健康、良好的生活习惯有关。女性应该有一个良好的人际关系网，同时也学会既尊重自己，也尊重他人的交际方式。

尊重别人便是尊重自己

与人交往时记住两点：第一，别人是重要的；第二，你也很重要。所以，你想得到别人的尊敬，首先要尊敬别人，这是一个大家都明白的道理，但在人际交往的过程中，很多人因为地位、优势等原因，忘记了尊敬别人。

不尊敬他人的人永远不会得到人际关系的良好发展，自恃才高的人、自卑狭隘的人，往往容易不尊重别人，这样的人，怎么会让别人喜欢呢？

一位曾经怕得不到尊敬的女士讲了自己的故事：

我记得，那时我刚刚升入中学，正是把友谊看得比什么都重要的年纪。可偏偏我长得太引人注目了：我的个子太高了，要比身边所有的同龄人都高得多。身高常常让我备感孤独，有谁愿意一直仰着头和朋友说话呢！为了不让同学们过于注意我的高个子，甚至为了不让有些人取笑我是“傻大姐”，我变得冷漠又骄傲。我很少和同学交流，反而尽可能地给所有人都安上又损又搞笑的绰号。

为了显得“出色”，我甚至给别人起过一些侮辱性的绰号，那些同学仰起脸来狠狠瞪我，但是那种主动出击，便不会受到别人嘲笑的错觉，让我渐渐麻木甚至洋洋得意起来。直到有一天我当面侮辱了林云。这个女生连看都没有看我一眼，冷笑着从我身边走过。我听见她轻轻地对我说：“因为鄙视，我懒得抬头。”我恼羞成怒地转过身去咒骂她，可是那一句话，却深深扎在了我的心上。

那天晚上，我很认真开始回忆和反省自己的行为，我第一次感到自己的愚蠢和后悔。第二天，我很认真向我曾经伤害的同学道歉，并且开始学会打开心胸，接受朋友，如果在交往中，我的高个子带来的不方便时，我会很诚恳开个小小的玩笑，自我解嘲。

慢慢地，我有了朋友，我被很多人喜欢，我也喜欢上了很多人。一年后，我加入了学校校队，并且成为了主力，每次在篮球场上欢腾跳跃，每一次我投进了一个球时，大家的掌声和欢呼呐喊，我觉得自己很受尊敬。

光阴荏苒，很多年过去了。我一直都是非常高的个子。从当初那个青涩的小女孩到现在略显肥胖的中年妇人，我永远要比同龄人高出许多。但个子不是问题，真的。我的朋友们很喜欢和我聊天，他们常常仰起脸来对我露出会心的微笑。我儿子个子也很高，当这个小家伙开始为自己的高个子烦恼时，我就会一遍又一遍地告诉他我的经历。

“你只有尊重别人，才会得到别人的尊重。既然大家都要仰头和你说话，请给他们一个仰视你的理由。”“

生活中，最珍贵的礼物是尊重和理解。当一个人收到这个礼物时，就会感到幸福，他的自豪感就会得到增进；而馈赠这个礼物的人，也会感到同样的幸福和充实，因为它在尊重和理解他人的同时，自己的精神境界会变得更加崇高，他的人格会变得更为健全。尊敬你身边的每一个人，你也会得到更多的人的尊重。

学会为自己创建一个“闺蜜圈”

当负面情绪给女人们带来负面的影响时，朋友圈子可以变成一个发泄口，抵挡住情绪给女人的种种打击。

有一个专有名词用来形容女人的朋友，这个词叫“闺蜜”。很多女性朋友都有自己的朋友圈子，由各种不同的朋友组成，女性应该有各式各样的朋友，她们能够从不同的角度为你提供不同的帮助。

女人是感性的动物，不论一个女人的事业有多么成功，她无法避免的是生活中，工作中那些小小的矛盾，失误。当这些负面的东西给女人们带来负面的影响时，朋友圈子可以变成一个发泄口，抵挡住情绪给女人的种种打击。

作为现代社会的女人，面临着很大的压力，在工作上往往要担负一份责任，在家庭中，又需要做一个贤良的妻子，一个温柔的母亲，同时又还担负着赡养、孝顺自己父母和公公婆婆的职责。生活中的一些小事情，在别人看来，也许可以一笑而过，但是作为身负重压的女人们，有的时候会不自觉地放大这一些“小问题”。在这个时候，如果拥有一个朋友圈子，可以以聊天的方式，没有心理负担的方式谈一谈自己生活、工作当中遇到的烦恼，让旁观者给你出出主意，无疑是一个很好的方式。同时由于女人朋友的特殊性，可以随口评点一下上司的不公正待遇，公公婆婆有所欠缺的行为，对于女人们来说，这是一个极好的的情绪发泄口。俗话说，“女人的性子，六月天的脸”往往发泄完自己的不满以后，很多女人又可以扔掉先前的抓狂，恢复到一个很好的心态，开始重新面对生活给与的种种挑战！

有朋友圈的女人还有一个近水楼台先得月的地方便利，有许多机遇就是在与朋友的交往中出现的，有时甚至是在谩不经心的时候，朋友的一句话、朋友的帮助、朋友的关心等等都可能化作难得的机遇。**广泛与人交往是机遇的源泉。与人交往越广泛，遇到机遇的概率就越高。**

小如是一名优秀的广告公司策划，接手了一个大公司的大单子，非常兴奋，可是在操作过程中，她发现自己非常需要一个长相清秀的广告演员，面试了很多，都不是太满意，有一天朋友聚会时，她给好友们诉说了她的苦恼。于是她一个朋友替她推荐了自己的表妹，结果小如一见这位朋友的表妹便当即拍板定下来，觉得她非常适合自己要做的广告。而这位朋友的表妹是学艺术的，也一直希望有机会进入文娱圈，没想到自己表姐介绍的一个工作，不仅一下子把她带到了台前，而且是为一个知名产品代言，这也让她非常兴奋。

后来这个广告非常成功，获得了大奖，小如觉得很开心，她的朋友也很高兴，而那一位参与广告拍摄的表妹就更是兴奋了，您看，一个普通的朋友圈子，一群普通朋友，一个普通聚会，成全了几个人的梦想！

也许有的时候你想不到这个朋友会对你的成功起到至关重要的作用，

也许你们之间彼此进行交往的时候，没想到这种交往决定了日后一个人的巨大成功，没想到这种交往就是一个人成功的机遇。因此，从这个意义上说，交往愈广泛，机遇就愈多。

聪明人不应当过于急功近利，有许多机遇是在交往中实现的，而在初步交往中，人们很可能没有看到这种机遇，在这个时候，不要因为没有看到交往的价值，就冷漠这种交往。

实际上，你的“朋友圈”远比你意识到的要广得多。你实际拥有的圈子延伸到了你每天都有联系的人之外，更多的联系包括你与之共同工作和曾经一同工作过的人们，以前的同学和校友，朋友，你整个大家庭的成员，你遇到过的孩子的父母，你参加研讨会或其他会议时遇到的人，这些人都会是你的圆中成员。你的圈中成员还包括那些你在圈子中认识的人，以及与他们有联系的人。

美国谚语说得好：每个人距总统只有 6 个人的距离。你认识一些人，他们又认识一些人，而他们又认识另外的一些人……这种连锁反应一直延续到总统的椭圆形办公室。将你所有的关系列出来，想想你认识并有业务联系的每个人，设计一个计划保持你的这些联系。从中你可以获得许多机遇，不要小看了这些朋友，也许你的命运会因为这些朋友而改写。永远记住一句话：最走运的人是那些拥有许多朋友和熟人的人。

女人应弃吝啬的不良习惯

罗素说过，吝啬比其他事更能阻止人们过自由而高尚的生活。

有一些人总嫌自己发财速度太慢，发财“效率”太低，总想不劳而获或者少劳多获，因而挖空心思、不择手段地算计他人、算计集体、算计社会。廉耻、天良、真理，都会沉溺在吝啬者的吝啬之中。

这种过于吝啬习性的其中一种表现便是与人交往只索取不奉献。有这样一个十分有趣的故事：

猴子死后要求面见上帝，它愤怒地说："下辈子我一定要做人！做猴子不但遭人戏弄而且没有钱。看看那些游客吧，他们穿着那么鲜艳，使用的东西那么先进而且有趣，世界上最美妙的事情莫过于做人了。"

上帝笑着说："既然你这么想做人，而且说得也很有道理，那我就给你一个机会，不过你必须做一件事情才有可能成为人！"

随着上帝的一声吩咐，一群可爱的天使向猴子走过来，他们手中都拿着一把镊子，按住猴子，飞快地拔它身上的毛。一时间，猴子痛得嗷嗷直叫，它不满地向上帝："刚才你不是说我的话很有道理吗？现在为什么又要这样折磨我？"

上帝依然温和地笑着说："你要变成人自然要先拔掉身上的毛！只有这样才能变成人。又想做人，又想一毛不拔怎么可能呢？"

是啊！又想做人，又想一毛不拔怎么可能呢？这是上帝对人类祖先的教诲。

一毛不拔的人很少能结交到真正的朋友，没有人会喜欢小气的人。吝啬的人往往为人所不屑。一个凡事只想从别人身上索取，却谨慎付出的人是很难做人的，更不用说以此获得好人缘了。

"一毛不拔"的人容易失去人心，甚至最终会众叛亲离；慷慨的人则会得人缘，处处受欢迎。

如果吝啬可以用可用于消费的财产与消耗之比来衡量的话，海蒂·豪兰·格琳则是有史以来最为吝啬的世界冠军。她仅在一个银行里的存款就达到3140万美元以上。她吝啬到如此惊人的地步：她的儿子为了寻找免费诊所治病耽误了时间，最后不得不截肢。为了节约她终日省吃俭用，成日喝冷麦片粥度日，而舍不得去热一下。

吝啬的人不能使自己也不能使别人快乐，因为他们时刻不停地都在算计。"索取就能挣，付出将丢失"，他们总是在害怕、猜忌和忧虑中度过。他们害怕朋友借钱不还，忧虑亲人挥霍自己的钱财，担心员工损害了器材，盘算自己的账号上还有多少钱。即使有朋友，他们更愿意从朋友那里获得好处。亲情、友情、爱情对他们而言都是获取的源头而不是付出的对象。对于这样的人，人情关系恐怕会越用越谈，一旦别人知道他们的“个性”后便不会再倾力相助。

如果抛弃“慷他人之慨”，而选择“慷自己之慨”的处事方式，境况就会大不一样。

人际交往注重“礼尚往来”、“相互买账”。投桃需报李，只有互动才能沟通，才能加深和别人的感情，扩大自己的人际圈子。

慷慨者乐善好施，不斤斤计较，让人感觉仗义，什么事情都好说，这种甘愿慷自己之慨的人大多性格乐观，胸怀阔达，开朗大方。他们在慷慨的举动中体会到了快乐，别人也从中得到了方便和好处，也会被他的快乐所感染。这样一种宽松而祥和的氛围，有谁会不喜欢呢？时不时地“慷自己之慨”，你一定会受到朋友的欢迎。

不要得理不让人

生活中总有些女人得理不饶人，不仅自己惹一肚子火，还失去了平日里关系不错的朋友。为人豁达一点，退后一步，大家都快乐，何乐而不为呢？

在工作和生活中，我们随时都会遇到一些人，他们说了对不起自己的话或做了对不起自己的事，这时，我们应当针锋相对，以怨报怨，还是宽容为怀，原谅别人？

人生好比行路，总会遇到道路狭窄的地方。每当此时，最好停下来，让别人先行一步。如果心中常有这种想法，人生就不会有那么多抱怨了。即使终身让步，也不过百步而已，能对人生造成多大影响呢？你经常让人一步，别人心存感激，也会让你一步，一条小路对你来说也是通道。你事事不肯让人，别人心怀怨恨，就会设法阻碍你，伤害你，即使一条大路，对你来说也充满险阻。人与人之间往往是心与心的交往，诚心换来的是真情，坏心换来的是歹意。

无论如何，幸福不是无缘无故从天上掉下来的，它是靠一个人用心积累的。该让步的时候就让一步，退一步海阔天空。但是，如果遇到必须取胜，无法让步的事，又该怎么做呢？那也要给别人留一点余地，比如与人争辩，以严密的辩论将对方驳倒固然令人高兴，但也没必要将对方批驳得体无完肤。这样做不但对自己毫无好处，甚至会自食其果，遭到对方的反击。当你和他人发生摩擦时，首先要了解他的想法，然后在顾及对方颜面的前提之下，陈述自己的意见，给对方留有余地。这一点在处理人际关系时非常重要，对女人来说价值就更高了。有时候，本无存心伤人之意，却可能因为一句无意的话伤害别人，甚至可能为自己树立一个敌人。在处理人际关系时，说话一定要谨慎小心，不要因为一句话而给自己引来祸患。有的时候，有了这样的失误，及时刹车，真诚道歉，说明原因，这是尽快也是尽量解决问题的办法。

怎样做人是一门学问，一门甚至用毕生精力也未必能探究因果的大学问，多少用尽毕生精力希望塑造出自己辉煌的人生，然而人生的复杂性使人们不可能在有限的时间里洞明人生的全部内涵，但是对人生的理解和感悟又总是局限在事件的启迪上，比如：做人不能大较真便是其中一理，这正是有人活得潇洒、有人活得累的原因之所在。

做人固然不能玩世不恭，游戏人生，但也不能太较真，认死理。“水至清则无鱼，人至察则无徒”，太认真了，就会对什么都看不惯，连一个朋友都容不下，把自己同社会隔绝开。镜子很平，但在高倍放大镜下，就成了凹凸不平的山峦；肉眼看很干净的东西，到显微镜下，满目都是细菌。试想，如果我们戴着放大镜、显微镜生活，恐怕连饭都不敢吃了。再用放大镜去看别人的毛病，恐怕许多人都会被看成罪不可恕、无可救药了。

人非圣贤，孰能无过。与人相处就要互相谅解，经常以“难得糊涂”自勉，求大同存小异，有胆量，能容人，你就会有许多朋友，且左右逢源，诸事遂愿。相反，“明察秋毫”，眼里不揉半粒沙子，过分挑剔。什么鸡毛蒜皮的小事都要论个是非曲直，容不得人，人家也会躲你远远的，最后，你只能关起门来“称孤道寡”，成为使人避之惟恐不及的异己之徒。

古今中外，凡是能成大事的女人都具有一种优秀的品质，就是能容人所不能容，忍人所不能忍，善于求大同存小异，团结大多数人。她们有大胸怀，豁达而不拘小节，大处着眼而不会目光如豆。从不斤斤计较，更不会纠缠于非原则的琐事。所以她们才能成大事、立大业，使自己成为不平凡的人。

但是，如果要求一个人真正做到不较真、能容人，也不是一件简单的事，首先需要有良好的修养、善解人意的心灵，并且需要从对方的角度设身处地地考虑和处理问题，多一些体谅和理解，就会多一些宽容，多一些和谐，多一些友谊。

有位女性总抱怨她家附近副食店卖酱油的女售货员态度不好，像谁欠了她200元钱似的，后来她打听到了女售货员的身世：丈夫有外遇离了婚，老母瘫痪在床，上小学的女儿患哮喘病，每月只能开几百元工资，住一间12平米的平房。难怪她一天到晚愁眉不展。这位女性从此再不计较她的态度了，甚至还想帮她一把，为她做些力所能及的事。

在公共场所遇到不顺心的事，实在不值得生气。素不相识的人冒犯你肯定是别有原因的，不知什么烦心事使她这一天情绪恶劣，行为失控，正巧让你赶上了，只要不是侮辱了人格，我们就应宽大为怀，不以为意，或以柔克刚，晓之以理。总之，不能与和你原本无仇无怨的人瞪着眼睛较劲。假如较起真来，大动肝火，刀对刀、枪对枪地干起来，酿出个什么后果，那就犯不上了。跟萍水相逢的陌路人较真，实在不是聪明人做的事。假如对方没有文化。一较真就等于把自己降低到对方的水平，很没面子。另外，对方的触犯从某种程度上是发泄和转嫁痛苦，虽说我们没有分担他痛苦的义务，但客观上确实帮助了他，无形之中做了件善事。

有位智者说，大街上有人骂他，他连头都不回，他根本不想知道骂他的人是谁。因为人生如此短暂和宝贵，要做的事情太多，何必为这种令人不愉快的事情浪费时间呢？这位智者的确修炼得颇有城府了，知道该干什么，不该干什么，知道什么事情应该认真，什么事情可以不屑一顾。要真正做到这一点是很不容易的，需要经过长期的磨练。如果我们明确了哪些事情可以不认真，可以敷衍了事，我们就能腾出时间和精力，全力以赴认真地去做该做的事，我们成功的机会和希望就会大大增加。与此同时，由于我们变得宽宏大量，人们就会乐于同我们交往，我们的朋友就会越来越多。事业的成功伴随着社交的成功，应该是人生的一大幸事。

太刻薄的女人注定要失败

许多情场失意或曾经遭受过情感打击的女人，往往分外嫉恨别人的幸福，嫉恨别人的家庭，嫉恨别人的一切。只要你稍微留点心，从自己身边的生活里就会不难发现这样的女人。

我们在生活里常常见到这样一类女人，她们的性格里其实充满了刻薄的成分。这种女人见了所有同她无关的灾祸，都会兴奋得手舞足路，她的表现完全是一副幸灾乐祸的样子——

“哎呀呀，不好啦，那里的大楼倒塌啦，你们快去看啊！”

“哎呀呀，不好啦，街道上一辆大卡车压死了一个老太大，脑袋都压得扁扁的啦！你们快去看啊！”

她嘴巴上说的是“不好啦”，可她脸上的笑容却表达着另外一层幸灾乐祸的意思！

这种女人对她周围的世界几乎总是充满了一股不可思议、不可解释的敌意。不管你跟她有没有实质性的关系，有没有一丁点儿仇恨，她都巴望你倒霉，你越是倒霉她就越是开心，她的日子也就过得越有滋味，心里就越是舒坦，精神上也就越满足。还真想唱支歌儿——一句话：嘿，真叫过瘾！

这样的女人不但愚蠢，甚至有点可恶，尤其是那些性格变态的女人，就更令人觉得侧目了。

平常这种女人贪得无厌，什么都争，什么她都要占上风。比如买一捆大葱，她抖土也得比别人多抖几下，嘴巴里还不停地唠唠叨叨地埋怨，即使没有什么可埋怨的地方，她还是要埋怨。仿佛不理怨一通，她就会活活憋死似的。什么东西到了她那里使都是好的，惟一的了；什么东西到了别人那里，就都是不好的，都是有毛病的，从一只喝水杯子到一方地毯。都是她家里的最好……

许多情场失意或曾经遭受过情感打击的女人，往往分外嫉恨别人的幸福，嫉恨别人的家庭，嫉恨别人的一切。只要你稍微留点心，从自己身边的生活里就会不难发现这样的女人。

这样的女人住往深居简出，自我封闭，她们嘴里说出的话，常常莫名其妙，而且充满了尖刻，叫你怎么都无法跟她交谈。

女人一旦刻薄起来，便让大多数人无法接受。

古时那些宫廷里的女人，为了争宠，互相嫉恨，尔虞我诈，她们对付对手，恨不得一下子置对方于死地，如果在现实中无法做到这一点，她们就利用诅咒的手段来消除自己心里的怨恨。恨不得她一辈子倒霉，恨不得她嘴上长疮，脚底流脓，恨不得她得一场大病，恨不得她遇上飞来的横祸，总之希望她不得好死！

小费是某个文化团体的演员，在婚后两年，她发现自己丈夫有了外遇，在得到了确凿证据以后，小费怒火中烧，她决定要把这个勾引她丈夫的“狐狸精”闹得身败名裂！于是她不惜以各种借口请假，去跟踪丈夫，和那个“第三者”为此耽误了很多次工作，在领导几次警告无用的基础上，她干脆扔给领导一张要求长期休假的申请，几乎不再去上班。

当丈夫向她提出离婚时，她更加歇斯底里，在一个礼拜一的早上，冲到丈夫的单位，在众目睽睽之下，开始一把鼻涕，一把眼泪数落丈夫的种种不是，这么一闹，结果非常明显，丈夫在单位根本无法抬头，走到哪里都是别人异样的眼光。

接下来，小费使出了最狠的一招，跑到“第三者”的单位，给这位“第三者”贴了满墙的“大字报”。事情发生后，这位“第三者”羞愧难当，好多天都没去上班，因为她实在受不了同事们的窃窃私语。

小费使出来的几招，真是“步步到位”啊，可是结果是怎样的呢？

丈夫虽然和那位“第三者”分了手，可是坚决和她离了婚，单位因为她常年旷工，至领导的批评劝阻于不顾，已经劝她下岗内退。而由于小费的这么一闹，她在那座小城市也“闻名”了，窃窃私语和众人斜视也开始伴随着她的生活了。

刻薄使一个女人变得可怕，这种女人的内心始终弥漫着有毒气体，别人稍微一靠近就会遭殃。因此，女人一定要认识到问题的严重程度，克服这一弱点。

其实想一想，碰上这样的事情，固然是相当不幸，但是我们要是客观一点，大度一点，有风度一点，是不是能够更完美的解决呢?

第七章

回避女人职场弱点，就会前途无量

现在很多女人拥有着很高的学历，有着过人的职业素养，理应在职场上游刃有余。可是由于心胸气量小，容不下人，喜欢传小道消息，虚荣等等性格上的弱点，这些女人在职场上并不是那么吃香。而这些弱点在职场中往往会成为女性成功的绊脚石，那么怎么样回避这些女性软肋，成就女性职场辉煌呢？

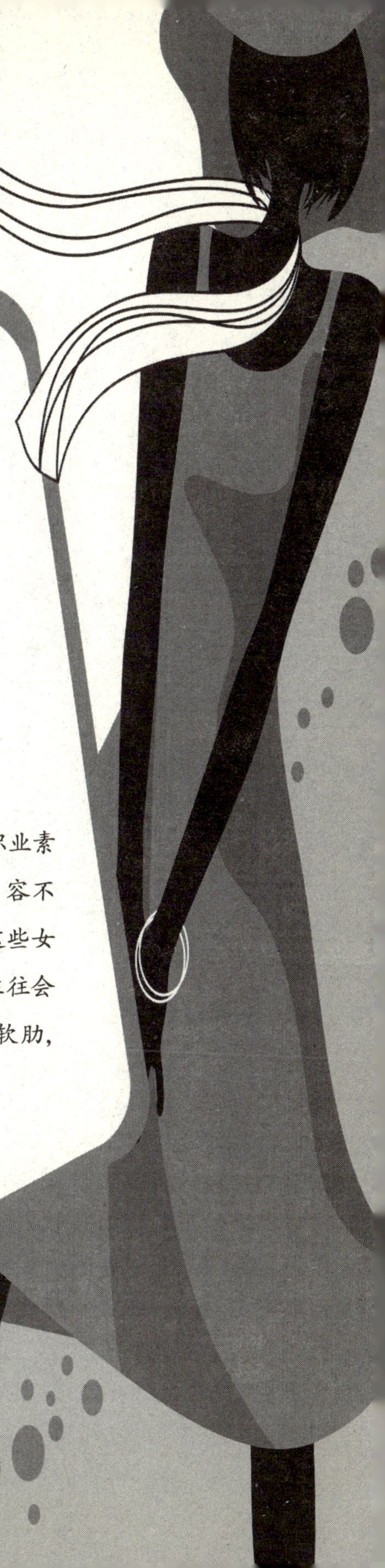

过度强势的女人不受欢迎

有一些女人总是喜欢宣扬“大女人主义”不论什么事情都特别在意自己的意见是否受到尊重，而且总是把我认为挂在嘴边，这样的“女强人”是不受欢迎的。

与男性比较起来，女性向来被视为弱者。如果女人偶尔逞强，执意做一些明知难以胜任的事，会让丈夫觉得有一种孩子似的稚气美。就像一个不听话不小女儿执意要去做一件事情一样，事情成功不成功变得一点也不重要起来，即使做砸了，可能也会很容易地原谅你。所以，女人偶尔地逞强，除了会给日常生活增添一些情趣外，因其孩子气和野性，还会令丈夫为之怦然心动。

如今的很多女人都越来越强势，这原本是件好事，因为独立自主的生活是女人获得快乐幸福的首要条件。只是，有的女人在进步的过程中就忽然成了“转基因”，强势也成了挑战男人的代名词，一旦到了可以压制男人的地步，女人也会飘飘然了。要知道，男权社会可不是靠指挥几个男人，或消费男色就能彻底改变的，当你整日里把“男女平等”挂在嘴边上的时候，就已经显示出了你并不平等看自己的女人心理。

有一些女人总是喜欢宣扬“大女人主义”不论什么事情都特别在意自己的意见是否受到尊重，而且总是把我认为挂在嘴边，这样的“女强人”是不受欢迎的。女人是水做的，应该是以温柔和善取胜。当然温柔和善不只是说女人需要放弃自己的主张而完全听信男人，而是指女人应该有一个柔软的内心，有一个博爱的生活、工作态度。要知道，对于永远剃着平头，抽着烟，喝着烈性酒，开口便是国骂的女人，是很难被人所认可的。

爱逞强的女人常常会不快乐，生活中过于强势的女人男人不喜欢，女人也不会喜欢，在这样那样的误会和反感里，大家都很难再做真沟通。女人的某些思维已成定式，女人的某些弱点已成习惯，在和世界、男人或女人争强好胜的过程里，女人必然也将承受更大的压力和痛苦。如果不能有颗坚强又宽广的心，那么很可能会得不偿失，得到的不一定就是你想要的，失去的却珍贵又再也找不回。

其实女强人不是指男性化的女人，不要被这个概念所误导，真正的女强人应该是指，那些充满着女性柔情，而又把自己的事业发展到了一定高度的女性。这样的女性不需要外表的、形式的和男人相似，而是需要内在的、心灵的拥有男性的刚强和倔强。

雅芳公司的 CEO 钟彬娴那么柔美，漂亮，说话的态度永远是温和可亲，脸上总挂着甜美的微笑，脸上总是适度化着淡淡的容妆，可是在她的领导下，雅芳公司这些年的效益不断提高，不得不让人佩服，这才是真正的“女强人”。

我们说真正的女强人是，有着女性的温柔，有着女性的特质，有着男人的事业心，有着男性的坚毅，是这两个方面完美结合的产物。

眼高手低，要不得

不切实际、眼高手低是职场大忌。

在职场中，不切实际、眼高手低的“外套”使你老想着干大事，小事不屑于做，即使做了，感情上老大不情愿，心理上也觉得不舒服受委屈。结果小事也干不好，又如何干得了大事？最后，这种人往往不能委以重任，不受重用。试想一下，一室不扫，何以扫天下？想扫天下的人必须有扫天下的能力和心态，而扫天下的能力和心态是通过持续性地扫一室而积累和培养出来的；相反，整天只想扫天下而不想扫一室的人肯定没有扫天下的能力和心态，不仅天下扫不了，而且一室也肯定扫不好。脱掉不切实际、眼高手低的“外套”，应当对自身的能力和外部环境有个客观细致的把握，从小事做起，争取把小事做好、做漂亮，在此过程中不断总结提高，才得以成就大事。

从最简单的事情做起，多看、多问、多做，把一部分热情变成持久的耐心，把“眼高手低”改造成“眼高手高”！

第一，培养做小事的心态，把小事做漂亮、做精致的心态。

第二，进行小事的实操。世界上再难的事情，再宏大的工程，也都可以分解成细小的具体事情，要想做成大事情，就必须把分解后的每一件小事情做好，所以任何事情都要从一开始做起，只有从一做起，才能做到二、做到三，才能最终成功，不做一的人，永远做不成二，也永远不会成功，不能做小事的人也不可能做成大事。

第三，在完成小事的过程中，不断修正和重新界定原先的判断标准，总结经验教训，提高自身能力，为做大事做好铺垫。一旦员工养成了把小事做好的习惯，并对它及时地进行总结，那么他们便有了做成大事的基本要素，一旦时机成熟，便可成就大事。

对领导忽视，将前程不保

在现代复杂的职场里，上下级关系森严，很多时候，一个普通员工的命运就掌握在某位“掌权者”的手里。一次会议，一个不慎严谨的工作汇报，很有可能就成为下一次裁员时的依据。作为女性，在这样的职场中工作，我们需要有怎样的心态和表现呢?

职场之中，之所以会有上下级，也是为了保证一个团队或组织工作的正常开展。而上级考虑问题更多的要从一个团队或组织的整体角度。**上级要开展工作，是必须要掌握一定的资源和权力的。对于一个下级来讲，如何在资源允许的情况下，配合上级共同完成团队或组织和自己的工作是首先要考虑的。**在一个团队或组织中，下级尊敬和服从上级也是确保一个团队或组织能够完成目标的重要条件。但是如果作为员工，不能站在团队或组织的高度来思考问题，而只是站在自己的角度去处处找上级的麻烦，甚至恃才傲物，对上级横挑鼻子竖挑眼，不服从管理，那么这样的一个员工将很难在一个团队或组织里生存，更不要谈发展。

在现代复杂的职场里，上下级关系森严，很多时候，一个普通员工的命运就掌握在某位“掌权者”的手里。一次会议，一个不慎严谨的工作汇报，很有可能就成为下一次裁员时的依据。作为女性，在这样的职场中工作，我们需要有怎样的心态和表现呢？有人也许忍不住发问了，领导的水平那么臭，叫我怎么能服服帖帖呢？

那你大错特错了！要知道，领导的水平，并不只是凭借一件事或是一句话便能看出来的。如果还能走上领导岗位，恰好证明此人必有过人之处，或善于利用人脉或头脑灵活等等，这种现象在国企里，在各个公司里，都很常见。作为一名职场女性，对待这样的上司需要慎之又慎的行为和宽之又宽心胸。

孟子曾经说，指出了“故天将降大任于斯人也，必先苦其心志，劳其筋骨，饿其体肤，空乏其身，行拂乱其所为，所以动心忍性，增益其所不能”。早在几千年前孟子就看到了大家现在的困境，竞争残酷的职场，对每个女人来说都是一种挑战。学会和领导和谐相处，是一种女人的智慧。很多女人都有一番事业心，希望打造自己的事业平台，但是有一个相对较好的职场人脉，是成功不可缺的一部分。

所以，走进职场的第一步，就是要切不可轻视领导，要跟领导打好关系，让领导相信你，大胆使用你，多用资源支持你。

卖弄风骚是肤浅的表现

心理专家认为，露也要分场合，在大街上衣着暴露，不排除潜意识是为了吸引人的注意，其实是一种内心不自信的表现，而且女性衣着暴露也有招致性骚扰的必然性。

随着时尚和潮流的步伐，露乳、低腰、露背、露股的着装风格开始泛滥，女主播露乳沟，T型台上的时装模特露出前胸，就连那街上的不少女孩也露出白花花的股沟。有人总结说，女性的开放规律是由上向下，从露脖子到露乳沟，再从露肚脐到露股沟，这样一寸寸地向下发展着。露，好像就是性感，露似乎就是潮流。可心理专家认为，露也要分场合，在大街上衣着暴露，不排除潜意识是为了吸引人的注意，其实是一种内心不自信的表现，而且女性衣着暴露也有招致性骚扰的必然性。

性感不仅是肉感，内涵或许更重要从心理学角度讲，性感在本质中是一种性的魅力。生之美国际美学机构讲师黄鸡仪认为，女人的性感有两种：一种是通过身体的暴露和挑逗的姿态来吸引异性的眼球，这也是性感的最初级和最普遍的表现形式，他（她）们会觉得性感就是身材火辣、三围突出等。另一种则是若隐若现，让人遐想联翩。这类女人的性感是从骨子里散发出来的，即使衣冠整整却偏是让男人有一见倾心、即刻想拥有的强烈欲望。这种性感与衣着暴露、矫揉造作、搔首弄姿、言语轻佻完全是两回事。

黄鸡仪强调，性感并不仅仅是肉感，如果仅仅以为露就是性感，那么风情也会变得伤情。实际上，衣着关乎审美，审美关乎生活习惯，本无所谓对与错，只有接受或不接受，喜欢或不喜欢，但是衣着肯定是要分场合的。在一些隆重场合，比如鸡尾酒会上，晚礼服要束腰、露背、低胸，主要就是体现女性魅力和性感，与社交有关。更高层次的性感是由内而外散发的魅力，一举手一投足，一个眼神也许就能让人欲火焚身。

华南师范大学心理咨询研究中心副主任李江雪说，有一部分女性穿着暴露就是为了追求时尚、赶时髦，从众心理作怪。

李江雪认为，女生自然喜欢被赞美，喜欢被男生多看几眼，总想给人赏心悦目的感觉，而衣着暴露肯定不能与性感划等号，过分的暴露只会破坏性感的最好状态，有时反而显得低俗。

现代女性应该准确把握住露与不露的界限，因为大方、温柔，充满女性魅力才是我们追求的美。

管住“大嘴巴”不做长舌妇

长舌妇指爱扯闲话、搬弄是非的人。一点小事就当大事宣传。这样的女人令人们极为反感。

有的时候发现自己也变了，变得爱讲闲话了，变得爱罗嗦了，爱报怨了，难道女人结婚了都是会这样吗？有的时候遇到投缘的就讲个没完，什么东家长、西家短、张三好、李四拐、婆婆长婆婆短、老公勤快、老公太懒……以前觉得自己很清高，似乎不能与别人一样，就是眼中觉得别人都有些差，这反过来倒过去的，发现自己也是这个德性，几毛钱也斤斤计较了，什么都可能是讨论的话题了，怎么变成这个样子了呢？

言多必失，古人的遗训想来是有道理的，可是，即便说话有这么严重的危险后果，相当一批女人，这一生中最大乐趣的来源就是说话。

职场中的明智之士对自己平日所说的话，要有随时敢于负责的决心。在你说任何话之前，要先问问你自己，是否必要，若是不必要就别说。这是训练心的第一步。我们既不要随便谈论自己，也不要随便议论别人。谈论自己往往会自大虚伪，在名不副实中失去自己；议论别人往往会陷入鸡毛蒜皮的是非口舌中纠缠不清，尤其是议论别人的短处，会降低你的人格。

现代社会竞争激烈，嫌怨、嫉妒的心态不免出现，在和朋友闲话之间，很容易把不满的情绪发泄出来，散播流言，只为逞一时之快，抒发内心的不平衡。

若你在说话时，稍微留意自己的神态、举止及旁人的面貌及反应，你会发觉自己很容易兴奋到忘“嘴”的境界。常听老一辈的人说，做人要有“口德”。总要处处与人为善，人前人后要多说些赞美、鼓励、支持的话，而不要口不择言，去批评、讽刺、破坏别人。

而对惯于飞短流长的人，除了敬而远之，也不要太在意，一笑置之，这是心灵上的修持，心性上的修养，同时也提醒自己更重视口德。

有时善意的谎言并不是犯罪

鼓励和欣赏是何等的重要，更多的时候我们往往忽略了，但是这小小忽视却可以改变一个人的一生……有时候善意的谎言并不是犯罪。

无意中在路边发送的一本广告杂志上看到的一则小故事，深深被这位伟大的母爱所打动，鼓励和欣赏是何等的重要，更多的时候我们往往忽略了，但是这小小忽视却可以改变一个人的一生……有时候善意的谎言并不是犯罪。

妈妈第一次参加家长会时，幼儿园的老师说："你的儿子有多动症，在板凳上连3分钟都坐不了，你最好带他去医院看一看。"回家的路上妈妈差点流下眼泪，然而他还是对儿子说："老师表扬你了，说宝宝在板凳坐不了3分钟，现在能做3分钟了，全班只有宝宝进步了。"那天晚上，她儿子破天荒吃了两碗米饭，并且没有让喂。

儿子上小学了。家长会上，老师说："全班50名同学，这次数学考试你儿子排第40名，我们怀疑他智力上有障碍，您最好带他去医院查一查。"回家的路上，她流下了眼泪。然而，她却对儿子说："老师对你充满信心，他说了，你并不是个笨孩子，只要能细心些，会超过你的同桌，这次你的同桌排在21名。"说这话时，她发现儿子黯然的眼神一下子充满了光。第二天时上学时，他去得比平时都要早。

孩子上初中了，又一次家长会。这次出乎她的预料，直到家长会结束，都没听到老师点她儿子的名字，临别，她去问老师，老师告诉她："按你儿子现在的成绩，考重点高中有点危险。"她怀着惊喜的心情走出校门，扶着儿子的肩告诉他："班主任对你非常满意，他说了，只要你努力，很有希望考上重点高中。""

高中毕业了。她有一种预感，她儿子能被清华录取，因为在报考时，她跟儿子说过，相信他能考取这所大学。取录取通知书那天，当他儿子从学校回来，把一封印有清华大学招生办公室的特快专递交到她手中后，突然转身跑到自己的房间里大哭起来。边哭边说：“妈妈，我知道我不是个聪明的孩子，可是，这个世界上只有你能欣赏我……”妈妈悲喜交加，十几年来凝聚在心中的泪水一颗颗打在她手中的信封上……”“

在社会生活中，每一个人都渴望得到别人的欣赏，同样，每一个人也应该学会去欣赏别人。欣赏与被欣赏是一种互动的力源，欣赏者必具有愉悦之心，仁爱之怀，成人之美之善念。因此，学会欣赏，应该是一种做人的美德，肯定了别人也是肯定了自己，诚如爱默生所言：“人生最美丽的补偿之一，就是人们真诚地帮助了别人之后，同时也帮助了自己。“培根说，欣赏者心中有朝霞、露珠和常年盛开的花朵，漠视者冰结心城、四海枯竭、丛山荒芜。让我们在生活中多一些欣赏，欣赏是一种给予，一种馨香，一种沟通与理解，一种信赖与祝福。人世间人人彼此欣赏，世界就充满了温暖。

1852年秋天，俄国著名作家屠格涅夫在斯帕斯科耶打猎时，无意在松林中捡到一本皱巴巴的《现代人》杂志。他随手翻了几页，竟被一篇题名为《童年》的小说所吸引，作者是一个初出茅庐的无名小辈，但屠格涅夫却十分欣赏，钟爱有加。他四处打听作者的住处，最后得知作者2岁丧母，7岁失父，是由姑母一手抚养照顾长大的，屠格涅夫更是给予了极大的同情和关注。姑母很快就写信告诉自己的侄儿：“你的第一篇小说在瓦列里扬引起了很大的轰动，大名鼎鼎、写《猎人笔记》的作家屠格涅夫逢人就称赞你。”

他说：“这位青年人如果能继续写下去，他的前途一定不可限量!”作者收到姑母的信后，惊喜若狂，他本是因为生活的苦闷而信笔涂鸦打发心中的寂寥，并无当作家的妄念。由于名家屠格涅夫的欣赏，竟一下子点燃心中的火焰，找回了自信和人生的价值，于是一发而不可收地写了下去，最终成为具有世界声誉的艺术家和思想家，他就是《战争与和平》、《安娜·卡列尼娜》和《复活》的作者列夫·托尔斯泰。

作为女人，欣赏别人，说明你在和别人交往时多了一份真诚和友善。一定要学会欣赏别人，因为每个人都有值得我们欣赏的优点。当然，学会欣赏别人并不是要取消批评。一个人可以不爱，也可以不优秀，但永远不可以强化甚至制造另一个人的绝望，这个世上，没有比什么让别人绝望更残忍的了。

欣赏别人的成功，我们会不由自主的感动。面对观众的高声祝贺，成功者不知等了多少年，他们将那份情感深深的埋在心底，而在领奖台上他们压抑多年的神经，终于得以解放。他们振臂高呼，他们异常的平静，他们泪流满面。那一刻，他们的任何表演都是美丽的，他们是那个舞台的绝对主角。我们看着禁不住也热泪盈眶，默默地为他们祝福。

欣赏别人的成功，我们会体会到他们超乎寻常的艰辛。他们忍辱负重，不知要顶住多么大的压力，不知要受到多少人挖苦和嘲讽。他们分不清黑夜还是白天，超强度练习，他们伤痕累累，痛苦不堪。日复一日，年复一年，他们暗地里不知哭过多少次，不知多少次想放弃，他们的心几乎要崩溃。他们跌跌撞撞的走来，一路风雨一路歌。。

欣赏别人的成功，我们更容易学到他们的真经。他们身怀绝技，已成为行家里手。他们的成果不断问世，为我们提供了经验，开辟了思路。我们有了学习的范本，有路可循，深受裨益。

欣赏别人的成功，我们会感受到他们的人格魅力。经过岁月的洗礼，他们的心境已不再浮躁，他们的追求已成为生活的一部分，他们更能体会到别人的感受，他们变得谦逊，变得更加的成熟和稳重。

欣赏别人的成功，我们会深受鼓舞。他们会使我们受到极大的启发，激励我们更加专注我们的事业，增强我们前进的信心，不断加倍努力，一步步走向成功的殿堂。

欣赏别人的成功，就会少一分嫉妒，多一分理解；少一分幻想，多一分努力；少一分虚荣，多一分淡泊。

学会欣赏别人，有一份博爱的心，如果你能够做到这一点，相必你就是一个成功的女人了！

女人在职场不可气量狭小

每个女人的成长都不可能永远一帆风顺，无忧无虑，关键是要积极得调整好自己的心态，让自己心胸宽广些，再宽广些，对他人对自己都好。

每个女人的成长都不可能永远一帆风顺，无忧无虑，关键是要积极得调整好自己的心态，让自己心胸宽广些，再宽广些，对他人对自己都好。

长这么大了，笑呀，哭呀、恨呀、嫉妒呀、烦恼呀等等，哪个没有经历过呢，有什么放不下的呢，让自己的一切困扰像羽毛一样慢慢飘走吧。这样女子才可以让自己久久得保持一科善良、纯洁、可爱的心。

记住，不要再伤害自己，要善待自己、善待他人哦。

做心胸宽广的女人，就要有：得让人处且让人的宽容。要体谅别人的难处，谅解别人的错处，关注别人的长处。要相信以自己的真诚能换来他人的真诚。

心胸宽广与否或许和性格有关，但更重要的是与一个人的文化、素质、修养、追求、信仰有关，有意识的去读些书，提高自己文化修养，开拓视野；有意识的关注别人，关注社会，让自己的心去追逐远大、追逐高尚。

做心胸宽广的人，就要学会恬淡从容。生活就像一首歌，有高昂，有舒缓，有低沉。生活就像一条路，有平坦，有曲折，有起伏。在顺心的日子里，不要得意忘形，要保持那份恬淡；在烦闷的时候也要执著那一份从容。这样，我们才能让宁静、快乐长久围绕在自己身边。

做心胸宽广的人，要学会遗忘。人生有许多真实的、美好的、激励自己的、能让自己生活多些乐趣的事，把它留在永久的记忆中，作为美好的回忆。人生也注定会遇到许许多多的烦恼和忧伤，所以必须有选择地淡化、忘却一部分，如果沉溺其中，就会成为沉重的包袱，使你心胸狭窄，人格扭曲，在生活的路上举步维艰。

著名作家雨果曾经说过，比陆地宽广的是天空，比天空宽广的是海洋。比海洋宽广的是人的胸怀。如果我们的心里能容得下山，容得下海，容得下天，那么，我们怎么能容不下短短人生中琐琐碎碎的某一些事?!怎么能容不下小小的某一个人？如果我们的心里，真的能容得下山，容得下海，容得下天。我们眼前哪还有走不通的路，哪还有过不去的坎儿，哪还有什么忧愁能挡住心的快乐。

人心是海洋，站在岸边你才能知道她的宽广。人心是大地，攀上山巅你才能领略她的辽阔。人心是蓝天，飞出云端你才能感受她的深邃与蔚蓝。

美好幸福的生活，需要我们每一个人的心胸比海洋宽广，比大地辽阔，比天空蔚蓝。

俗话说得好，“宰相肚里能撑船，”有一些微不足道的小事，大家各让一步也许会有一个完美的结局？何必又小事化大事，大动干戈一场呢？

有一则新闻：因为公交车挤，一位手拿牛奶的女子不小心将牛奶洒在了一位青年男子的西装上，男子并没有因此而责备女子，反而是去安慰她，叫她不要放在心上。其实，感动发生在刹那之间，感动也可以成为永恒。一点宽容会让别人感动一生，一点爱意会让别人温暖一生，一句祝福与鼓励的话语会让别人幸福一生。

让我们做一个心胸开阔的女人吧，只要你有大海一样的胸怀。发生误会甚至是矛盾冲突是常有的事，关键是如何解决矛盾。宽容别人，就会主动原谅他人的过失，一笑了之；有的人能化敌为友，用宽容征服他人。

容忍是一种高尚的人格修养，一种“宰相胸襟”，一种大将风度。要心怀坦荡，宽容他人，就必须做到互谅、互让、互敬、互爱。互谅就是彼此理解，不计较个人恩怨。人都是有感情和尊严的，既需要他人的体谅，又有义务谅解他人。有了相互之间的谅解，就能保持平静的心境和宽容的品格。互让，就是彼此谦让，不计较个人的名利得失。心底无私天地宽，自觉做到以集体利益为重，把好处让给别人，把困难留给自己，互相之间的矛盾容易化解；对个人得失斤斤计较是难以和他人和睦相处的。互敬，就是彼此尊重。

伟大的心像海洋一样，也许有冰山，但永远不会封冰。只有这样，我们才能保持健康的心胸，建立纯洁的人际关系。海是宽阔的，比海更宽阔的是蓝天，比蓝天更宽阔的就是我们的心胸。一个心胸宽阔的人不会为了这种小事斤斤计较，大发雷霆。这就是一个心胸开阔的人与一个永远也不甘心让自己吃亏了的人的不同的表现。

混职场就要控制脾气

女性都认为自己发脾气是很正常的一件事情。也是的，人活在纷杂的世界里，难免都会遇到一些令人恼怒的事，从而发发脾气，好像无关疼痒，也无关男女。

说起发脾气，还是女人不善控制一些。小到令人发火生气，大到惹人动怒发飚。脾气每个人都会有，只是关键在于我们各自怎么去控制它。控制好了凡事都会一了百了，控制不好了，那后果都是难以预料的。

不可否认，我们的生活中常常会遇上一些轻易就使人发怒的事。

其实，发脾气就是一种应激反应，如果能在反应前，先思考一会，比如，时常提醒自己在发怒前，先想 3 分钟。这种要求对女性的大脑来说，有点难度，那也要学而常习之。

我们和家人、朋友、同事之间，难免也都会遇到一些小摩擦，如果我们随意就发怒，那么所产生的效果就是争吵，结果不是伤害到对方就是伤害到自己，想一想，这又有何意义呢？如果能多一份忍让，多一份宽容，什么事都好好地用“说”的语气来解决，效果难道不比吵骂的好吗？

都说女人敏感，发脾气也是如此吧！很多时候，由于脾气引发的争吵，事实上并不能解决问题。所以，适当的控制情绪，是必须要学习的。很多时候，宁可自己软弱一点，底调一点，学习做个忍者吧！

其实，忍让一点、低调一点、自我控制一点，并不等于自我压抑，积极的心态，反而可以激励人上进的。

发脾气时应该要懂得怎么制怒。有些人确实会很容易生气，而有些人却不会。有些人似乎总比其他人要容易发脾气，而有些人却可以很轻易地处理生气的感觉。这些都是“个性”和“情绪”的自我管理能力问题，说白了就是自我调节和控制心态的掌控力。

每个人的个性不一样，有些个性容易被激怒，而有些人忍耐性会比较强一点。这种容易被激怒的人属于个性急躁的人，心理学的观念认为，这种人的个性，通常都是一心想要拥有权力和思想控制别人，当自己感觉控制不住他人时，就会大吼大骂来表现他的怒气。另外，不容易发脾气的人，应该属于有耐心和比较沉稳的人，他们生气的“反应”是自己生闷气，不去计较，不去接纳，也不会去解释什么。所以要提醒女人，要学着自控一点，千万不要纵容自己，别给自己找任何借口，对自己严格一点儿，悲伤时要懂得怎样转移和发泄，忧愁时也要懂得释放和自解，相信自己，人格和情绪也会变得更完美。

每个人的心中，永远存在着理智与情感的斗争，自我控制是要求一个人按理智判断行事，克服追求一时情绪满足的本能愿望。一个真正具有自我约束的人，即使在情绪非常激动时也能做到这一点的。自己要战胜自己的情绪，必须自控，如果不控制，任凭情绪支配自己行动，那只会使自己成为情绪的奴隶。

首先，最重要的是要很好地认识坏脾气的危害。我们在社会生活中，总要同其他人进行接触和交往，希望得到别人（当然不可能是所有人）的好感、友情、赞赏、合作，否则，就会感到孤独、寂寞，没有生气，寸步难行。人的行为是受意识调节和控制的，认识了坏脾气的危害，便可从内心产生改掉坏脾气的要求。其次，要加强思想修养。只有心中经常想到别人，尊重别人的利益和需要，才会对别人温存、体贴、热爱。只有时刻把集体的利益放在第一位，才不至于意气用事，固执己见，才能遇事平心静气，三思而行。最后，对改掉坏脾气要有决心和毅力，不能今天想起来了，就谨慎一点，过了两天又依然故我。要有决心和毅力，坏脾气是一定会改掉的。

第八章

剖析女人恋爱弱点，学会永远拥有完美爱情

每一个女人都希望找到一份真挚的感情，每一个女人都希望一辈子生活在爱中，但是不见得所有的女人都够获得一份真正美好的感情的。要了解这一点，需要我们重新认清女性恋爱的弱点，并学会改造或是回避这些女性弱点，重新拥有一份爱，并且能够永远拥有着完美爱情！

时刻为恋人想一想

有时候男人也需要被关心，安慰，真的那怕是一句话，一个动作，男人也会觉得很安慰。

每个女人都希望自己永远生活在爱里，可是要知道只有懂得爱人的女性，才会永远拥有爱。

有时候男人也需要被关心，安慰，真的那怕是一句话，一个动作，男人也会觉得很安慰。当男人非常郁闷。心烦的时候，可以让他对你发泄一下，但事后要让他向你真心道歉，当男人失意的时候，可以抱着他，抱一会儿，有利于他恢复信心和志气；当男人失业的时候，告诉他塞翁失马，焉知非福。当男人沮丧的时候，可以帮他点一支香烟，其实男人真的需要关心，安慰的。

情侣之间最重要在于理解、包容、体谅、关心与支持。还有给你爱的人一点空间与时间，在生活上及工作上多关心他一点，多理解他一下。无时无刻关心支持他，他才会感觉他在一个温暖的家，他自然就会更爱你的。最重要一点是夫妻之间还是要经常交流与沟通，因为这样才会更了解对方。

作为女朋友式妻子，要学会做到：

1. 男人也需要哄

他生气的时候，他也需要你哄。会耍脾气的不只有女生……他赌气挂掉你电话，也希望你马上打过去哄他。他甩开你往反方向走时，也希望你会不顾一切冲上去抱他……

2. 尊重男人自己的目标

或许他现在没钱，也不是富家子弟，但你要相信他，鼓励他……他需要的不是一天到晚念着名牌，说梦话给他压力的女性……不论如何，相信他的能力。

3. 你不必非常漂亮，但一定干净、大方

不用天天问他，你漂不漂亮，是不是最美，他既然选择了你，那么你自然能让他看着顺眼，不过，他当然希望你干净漂亮，落落大方，带得出去，走在一起脸上也有光彩……

4. 试着爱他的爱好，并倾听他说话

有共同语言是在一起的前提，他爱篮球，你就不能连姚明、奥尼尔是谁都不知道；他爱游戏，那你起码看的懂游戏……你是他的另一半，他当然希望你是他忠实的听众，所以，他说什么，就算你不懂，不要打断。

5. 一起时遇到什么困难也不要光会等待

比如迷路了，你也长着嘴，女孩子问路更容易，那就去问问好了。男人毕竟爱面子些，你能解决的事就去解决一些比较好，不要只会说不知道，不要只会等待。

6. 保持体型，保持健康

不要在一起之后就变丑，也不要一天到晚念着减肥，健康，美丽，最好是每天坚持运动，并且保持一个运动爱好。做个健康美丽有活力的女人。

7. 在他的朋友前更要表现出你是他的女人

在一堆男人面前，他当然希望你是他一个人的，不会在别的什么帅哥阔老身上分散注意力……男人也会吃醋的，做个处事检点的女生比较受人欢迎。有风度有学识又幽默又大方的女人，会是众人关注的对象，用你的美去为你的男人找到骄傲的感觉吧。

做女人也不可蛮不讲理

常常听男人们说希望找一个知书达理的女人做自己的伴侣。但情况却往往事与愿违，通常好像是那些知书达理的女人都被别人娶走了，而自己的女人偏偏是最不讲理的。

教养是一种潜在的品质，有教养的女人不会随着岁月流逝而渐失光泽，而会越发耀眼迷人。智慧是美丽不可或缺的养分……

尊重他人，就是尊重自己。真正的教养来源于一颗热爱自己，热爱他人的心 。“己所不欲，勿施他人”是对教养的最好诠释。一个重要标准，女人的教养决定着一个国家和民族的修养和前途。女性修养、女性魅力是需要用心体味和感悟的，它是女人修炼的结果。通过不断地修炼，每个女人都可以更有魅力。更重要的是，是否知晓魅力的重要性，是否愿意不断学习提升魅力的方法，是否能够把提升魅力作为生活的一个重要内容并为此做出长期不懈的努力，会对一个人的事业和人 生产生重要的影响。”富有教养，是道德美的表现形式，它会随着岁月的增加、心灵的净化而日益显示出它光华。

有一种说法是，“不美丽，是女人绝对不可以容忍的事情，但没修养，绝对是男人不可以容忍的事情。”这种观点很受现代人赞同，许多女人看上去十分美丽，但她们行为粗鲁，往往惹得男人望而却步，或者心生厌恶；相反，那些相貌平常，但言谈和举止上富有修养的女人常常能赢得男人的心。有教养的女人静若幽兰，芬芳四溢。时间可以扫去女人的红颜，但它却扫不去女人经过岁月的积淀而焕发出来的美丽。这份美丽就是女人经过岁月的洗礼而成就的修养与智慧就像秋天里弥漫的果香一样，由内而外的散发出来。教养的女人像潺潺溪水，让周围的人被浸润。修养是一种人生体验到及至的感悟，是人生感悟及至的平静，那是一种更为简单纯净的心态。

有教养的女人不会随着岁月流逝而渐失光泽，而会越发耀眼迷人。智慧是美丽不可或缺的养分，智慧之于女人是博爱与仁心，是充满自信的干练，是情感的丰盈与独立，是不苛刻的审度万物，更是懂得在得到与失去之间慧心的平衡。修养与指挥的女人让美丽在不同的时刻呈现出不同的状态，一生散发着无穷 的魅力。女人，应该是一条永远亮丽的风景线，笑看岁月，美丽依然……。

不管社会发展有多快，不管女人现在可以扮演多少种角色，女人最重要的角色始终是母亲。天下所有的母亲都希望自己的孩子成为一个有教养的人，成为一个受人尊敬 的人。而如果母亲没有教养，孩子会有教养吗？因此，女性们特别是那些想做母亲的女性是不可以没有 教养的。男人通常尊敬那些富有教养和内涵的女人，并且常常试图和她们接近，保持某种亲密状态，并且以此为荣，而且依恋、迷恋于这种关系。如果条件允许，能把这样的女人娶回家，共度一生，将是他们的人生 梦想之一。

一个有教养的男人总是让人心生好感；而一个有教养的女人，总是让人如沐春风。

一个女人可以貌不出众，可以平淡无奇，可以资质愚钝，甚至也可以没多少气质，但是不可以没有教养。

有教养的女人处世落落大方，不亢不卑，她不张扬，不显摆，似一株幽兰，芬芳四溢而不自知；有教养的女人善解人意，通达世情，她不天真，不偏激，在任何突发变故面前都能处变不惊。

有教养的女人，面对男人的追求，她不盲目的惊慌，不虚荣的窃喜，她懂得端庄之中辨真情，懂得怎样用婉转的措辞拒绝倾慕。当男人决定离开的时候，即使无助的泪往心里流，她也不挽留，不痴缠，她懂得缘尽而散，放手，是给他一条出路，也是给自己留一条生路。

有教养的女人，面对名利金钱的诱惑，会三思而行，反复斟酌，不会轻易让自己陷入尴尬的处境。

有教养的女人，在平静的岁月，是柔风细雨，于淡然中抒旖旎柔情。

有教养的女人，在遭遇人生挫折的时候，是高山大川，在险峰处揽无限风光。

教养，是日常生活细节中给人的一种印象，一种说不出道不明的感觉。

一个人的教养不是可以一蹴而就的，也不是单纯的礼貌，是一种习惯的积累，一种涵养的综合。

如果教养是花，而智慧则是不可或缺的养分，智慧之于女人是博爱与宽容，是充满自信的风采，是情感的丰盈与独立，是，更是不计较得失的平衡心态。

有教养的女人，不一定家世良好，但大都爱好读书和学习，她懂得只有知识的充实和强大，才能忠实自己，受益一生。

有教养的女人，不一定坚强独立，但大都崇尚本真的自我，她懂得只有心灵的纯净和善良，才能感受生命的真实。

有教养的女人，即使看透世态炎凉，人情冷暖，依然对生活充满激情。她明了万紫千红也好，繁华落尽也罢，都不过是人生的过眼烟云。一味的计较得失，只是自寻烦恼，自苦苦人。

做一个有教养的女人，世界因为有你，更精彩，更美好！

过分的唠叨会让爱人头痛

卡耐基在他的《人性的弱点》中说过：唠叨是爱情的坟墓。但是，很多女人并没有意识到这一点，甚至认为自己的唠叨是对他的爱，以为唠叨可以改变丈夫的缺点。

陶乐丝·狄克斯认为："一个男性的婚姻生活是否幸福和他太太的脾气性格息息相关。如果她脾气急躁又唠叨，还没完没了地挑剔，那么即便她拥有普天下的其他美德也都等于零。"

苏格拉底的妻子兰西波是出了名的悍妇，为了躲避她，苏格拉底大部分的时间都躲在雅典的树下沉思哲理；法国皇帝拿破仑三世、美国总统亚伯拉罕·林肯都受尽了妻子的唠叨之苦。而恺撒之所以和他的第二任妻子离婚，是因为他实在不能忍受她终日喋喋不休的唠叨。

许多男性生活中垂头丧气，没有斗志，就是因为他的妻子打击他的每一个想法和希望。她无休止地长吁短叹，为什么自己的丈夫不像别的男人会赚钱？为什么她的丈夫写不出一本畅销书？为什么她的丈夫得不到一个好职位？拥有一位这样的妻子，做丈夫的实在泄气。确实，奢侈浪费给家庭带来的不幸远远比不上唠叨和挑剔。

李轲从大一的时候，就和刘辉谈起了恋爱，大学毕业后一年，他们喜结连理。按说，他们结束了恋爱马拉松，走进婚姻，应该是幸福的一对。可是，自打结婚以后，李轲的手中就拿起一把无形的尺子，只要见到丈夫就必须要量一量。丈夫洗衣服时，她会说："你看看，这领子，这袖口，你连衣服都洗不干净，还能干什么？"丈夫做饭，她会说："哎呀，做饭怎么不是咸就是淡，一点谱都没有，让人怎么吃呀？"丈夫做家务，她会说："怎么这么笨，地也擦不干净。"丈夫办事情，她更是牢骚满腹："看你，连话都不会说，让人怎么信任你呢？"诸如此类，家庭噪音不绝于耳。

刚开始的时候，刘辉常常是黑着脸不吱声，时间久了，他就开始和她顶嘴。他会说："嫌我洗衣服不干净，你自己洗。"然后把衣服往那一扔，摔门而走。他还会说："我做饭没谱，以后你做，我还懒得做呢。"有时候，他也会大发雷霆，和她大吵一通，然后好几天两人谁也不理谁。

过几天，两人和好了，但是李轲仍然改不了自己的习惯，仍然会在他做事的时候唠叨不止，日子就这样在吵吵闹闹磕磕绊绊中过了几年。终于有一天，李轲又在唠叨他碗洗得不干净时，他再也无法忍受，把所有的碗都摔在了地上，大声吼道："你烦不烦，看我不顺眼，干脆离婚算了，看谁顺眼跟谁过去。"

李轲万万没有想到刘辉会提到离婚两个字，她顿时泪如雨下："我说你，还不是为了你好？换了别人我还懒得说呢！要离婚，好，现在就离！"结果，刘辉甩门而去。

后来，李轲在朋友的劝说下，明白了一个道理，那就是自己对丈夫不能太苛刻了。其实，衣服有一件两件洗不干净是常有的事；丈夫不是大厨，偶尔盐放多放少更是小事一件；家务活谁都可能出点纰漏；一个人偶尔说错一两句话也是在所难免。而自己不断的唠叨把这些常人都有的小毛病加以无限的放大，而且还养成了习惯。正是因为她对丈夫的挑剔，才使得丈夫与自己越来越远。

著名的心理学家特曼博士对 1 500 对夫妇做过详细调查。研究表明，在丈夫眼中，唠叨、挑剔是妻子最大的缺点。两个著名的研究机构盖洛普民意测验和詹森性情分析——它们的研究结果都是相同的，它们发现，任何一种个性都不会像唠叨、挑剔给家庭生活带来巨大的伤害。

在烧毁爱情的一切烈火中，吵闹是最可怕的一种，就像被毒蛇咬到，绝无生还之望。为了爱情和婚姻，想办法让自己远离唠叨，以下几点是给你的建议——

1. 不要重复讲话

如果你提醒丈夫三次以上说他曾经答应过要陪你去散步，而他纹丝不动，说明他根本不想去。那么，你就住嘴吧，别再重复，唠叨只会使他下定决心决不屈服。

2. 冷静对待不愉快的事

不愉快的事情是最容易让女人唠叨的，她们总是不厌其烦地诉说着自己的不快和郁闷。当你的丈夫心情也不好的时候，就不要在他面前唠叨个没完，那样只会引来争吵。想办法控制自己的情绪，或者把坏情绪通过另外的途径排解出去，等到双方都冷静下来时，再把事情拿出来仔细讨论，讨论的时候应该心平气和，保持理智，不能使用过激的语言。

3. 用温和的方式达到目的

“用甜的东西抓苍蝇，要比用酸的东西有效多了”。当你唠叨丈夫不给你买生日礼物的时候，不如向他撒个娇，娇嗔地说：“老公，我知道你希望我越来越漂亮，所以，我准备用你钱包里的钱去买一套化妆品作为你送我的生日礼物，你说好不好？“听了这样的话，哪个老公会拒绝呢？

所以，除了唠叨，你完全可以使用一些温和的方法去实现你的目的。

4. 培养自己的幽默感

以幽默的方式对待发生的事情，会让你的心情舒畅。有的妻子催促丈夫到浴室给自己送浴巾，丈夫的动作慢了点或没理睬，她们竟会大动肝火，开始唠叨丈夫不爱自己，这种情况令人难以想象。

生活中，很多事情是没必要生气的，但是我们常见一些女人为一些不值一提的小事紧绷着脸，把甜蜜的爱情转变成相互指责的怨恨。不如培养自己的幽默感，让你一天都保持心情舒畅。面对生活中的不顺，用女人的机智的幽默来表达，有的时候会达到很好的效果。

聪明的妻子不会通过抱怨和唠叨使丈夫难堪和厌烦，相反，她能够使别人注意到丈夫的长处，还能将丈夫的缺点减低到最低的限度。她们称赞自己的丈夫，夸耀丈夫的特长，表扬丈夫的优点。

人都有一种倾向，就是依照外界所强加给他的性格去生活，假如你不断赞美你的丈夫，那么慢慢地他就会以你所说的标准要求自己，成为一个真正优秀的人。因此，每个妻子对自己丈夫的称赞，都是对丈夫的一种鼓励，这比直接“教训”的言语，更能推动他尽力去把事情做好。

当男性听到妻子诸如“你真是了不起“，”我为你感到骄傲”“我能拥有你真是幸福“的赞美时，几乎所有的人都会觉得心花怒放，高兴得跳起来。

妻子对丈夫的赞美不仅满足了丈夫的虚荣心，维护了他作为男人的面子，同时也像一个“气管”，不断地给他输送能量。所以，当你对丈夫不满意的时候，不要抱怨，要相信发自内心的赞美是一个激励他改变的最有效办法，能够使他发挥出最大能力，走向成功。

再宽容的爱人也会因苛责而跑掉

请不必太苛责你的男人，正因为你们之间存在着反差，上帝才会安排你们在一起厮守，取长补短，共创完美生活。

男人好面子，男人肩上扛着一个家，他不愿他的家倒下去，他只有用尽一切力量撑着这个家。每一个男人在他开始懂事，心里就暗暗有了一个愿望，那就是要撑起自己的一个家。为了他的家，男人们可以耗尽自己全部的力量，耗尽自己所有的年华，即使事业顺利，他也还是不安心。不敢停下步子，怕好不容易打下的江山被别人抢去了。

人都没有十全十美的，我们得到的也不会是十全十美。我们在要求男人别吃到碗里又霸到锅里的同时，也别想着让自己既得燕窝又得熊掌。“生活就在此处”，贫穷的女人请珍惜贫穷里的爱情和欢乐，富有的女人请珍惜你的锦衣玉食——没有漂亮的衣服，没有鱼肉的滋养，你又何来优雅，何来美丽和青春!

还有另外一种，那就是被老公爱得喘不过气的女人，也请珍惜你的幸福——到哪天他不管你了，不再对你紧张或患得患失了，那你也就完了——他已经不爱你了。

如果你只是一个自认平凡的女人，可以在家里做主妇，可以和孩子待在一起，可以坐在电脑前写这些酸不溜秋的文字，累了听听曲子，困了打个盹，闷了看看窗外随风舞动的绿叶，高兴了还和孩子称姐道妹。那么可以说你是拥有俗世幸福的。但我还是要对这样的你说一句："请不必太苛责你的男人，正因为你们之间存在着反差，上帝才会安排你们在一起厮守，取长补短，共创完美生活。"

别让老公成为"妻管严"

妻管严，顾名思义，就是老婆管你很严格，事事听她的，时时听她的，她让你向东你不敢向西。妻子管制的比较严厉，而丈夫任何事都是听妻子的，从而忽略了朋友、甚至家人，造成对你的不满。

对于老公请不要过于苛刻，也不要过于依赖。现在的世界是一个充满竞争的世界，有责任心肯上进的男人，更会感到肩上的重担，心理上的压力。女人感叹心目中能够在外面大把大把赚钱，回到家既幽默体贴善解人意，又可以容忍你的任性撒娇的男人，越来越少，却很少去想想是什么原因让这样的男人越来越少，对于这样的结果，女人需要做些什么？女人是否宽容友善的对待了自己的老公？

有些老公其实就像一杯茶，做妻子的需要慢慢品尝，才能分清属于什么样的茶；有些老公像一部车，做妻子的不仅去驾驶，还要懂得性能特点，以便进行维修；有些老公像一艘船，有时陷入浅滩，做妻子的需要有纤夫的精神拉着航行；有些老公像风筝，做妻子的要适当放松线团，不要害怕失去而紧紧将线攥在手里，要松弛有度。

你与老公来自不同的家庭，所以在性格爱好，思想文化等方面都有差异，难免有矛盾，摩擦，何必要争个高低呢？作为妻子，所有受不了的委屈，一大摊的烦恼，任性，困难统统都倒给老公，还要求老公耐心倾听，在安慰一番。老公像一辆人力车，载着老婆孩子在生活的道路上驰骋，是你的依靠，尽管他很平凡，但他会给你幸福踏实的感觉。

老公有委屈，牢骚很少带回家，总把他发泄放在你看不到的地方，然后满脸微笑的回家倾听你的唠叨，忍受你的不满。老公总是主动的去承受生活的压力，像上满弦的发条一样，永不疲倦地向前走，不管前方是坎坷小路还是平坦大路。人生旅途多有风吹雨打，有个知冷暖，互爱恋，温存的人携手走完一生，是很难得的。

不要对自己的老公要求太高，要知道：希望越大，失望就越深。做妻子的要善待那个与你相濡以沫，厮守一辈子的老公，拿出一些温柔贤惠，体贴入微，把它送给老公。

水性杨花意味着你将失去更多

所有的浮华，所有的成败得失，不过是过眼烟云。不一定非要等到我们老态龙钟，等到这颗心经历过人世所有的沧桑与悲痛后，才要学会从容与超然。

人们常常把女人比喻为是水做的，是说女人的天性像水一样柔顺、灵动、透亮。无论外表多么精明强干的女人，也会有柔情似水的一面。水做的女人，单纯得像一张白纸，任何轻视，都是对她极大的亵渎。水性女人，温柔顺从，天生就是爱的奴隶，一旦有所爱，就会全心全意无怨无悔地付出，从不任意索取。水性女人，心地善良、热情随和、善解人意。水性女人，简单清透，不会故作深沉，可是一旦遇上江河湖海，很快就能与之融为一体。

都说“女人心，海底针。”其实不然，女人是善变的，但是女人绝对不是不可捉摸的。善变是因为女人的犹豫不决，是女人的种种周密的考虑。善变不能怪女人，因为女人被人们称作“感性的动物”。而感性就意味着她们做事情跟着感觉走，时常做出不理智且冲动的事情。也因为这样，她们的决定才会再三变更。当然，如果当女人在很严肃，很认真的，甚至是想了很久才做出一个决定是：那么我想这个决定基本上是没有什么可以改变的了。男人们都害怕，畏惧这样的决定。

女人是细腻的，是敏感的。而在女人的世界里，她们总是因为一点事情而喜而怒，脸上的表情永远都是比男人的丰富。一个女人最先引起一个男人兴趣的地方，首先是她的外貌。一个男人不管你说与不说，见到一个具体的，活生生的，漂亮的女人，没有不产生异样的情绪的。恋爱中的一见钟情，被歌颂得十分美妙，我想一见钟情的首先是外貌。“女为悦己者容“，说得好象很高尚，其实在男人的观念里，女人来到世上就是贡献美的。于是就有了”男人征服世界，女人征服男人”的说法；有了“英雄难过美人关”的故事；有了“身死花架下，做鬼也风流”的诗句。

女人大多是感性的，总会不自觉地给自己的心情涂上点色彩，总会为一点小事，为一句话，一个忘记了的承诺而让自己的心变得敏感而易怒，让自己的行为变得小气而啰嗦。上帝在造人的时候，往往会有疏漏之处。所以在生活中我们常常会看到容貌漂亮的女人，身材并不优美，而身材完美的女人，却相貌平平。“女人不因美丽而可爱，而因可爱而美丽”，容貌平平的女人只好用这话来激励自己，并从古代感叹至今。

聪明的女人应该是宽容而大度的，聪明的女人也应该能够明白和理解生命和生命的本质。所有的浮华，所有的成败得失，不过是过眼烟云。不一定非要等到我们老态龙钟，等到这颗心经历过人世所有的沧桑与悲痛后，才要学会从容与超然。聪明的女人不在人要衣装，佛要金装上下功夫，而是努力学习，拚命工作，终于使自己成为一个自立自强的女人。一个女人的外貌是上天所赐，自己不能做主。但是一个女人的修养风度却是后天的修炼。人不能奢望的太多，奢望的太多就没有了快乐，人也不能太苛求自己，苛求自己，就会把自己束缚在一个没有快乐的小世界里。

女人因可爱而美丽的，女人因温柔而善良的；女人因妩媚而有灵气的女人，女人也因幸福而潇洒的。女人资本还有很多，要想获得更多的女人资本，需要你用认真和专一去经营自己的人生，学会把盛开的玫瑰变为现实的精彩。

要做个“贤内助”

战国时期，齐景公的宰相宴婴，身高不足六尺，但很有才能，名闻诸侯，为人诚恳、谦虚。有一天宴婴出门公干，马车夫为其驾车。只见马车夫高扬马鞭，趾高气扬，很得意的赶着车行走在大街上，当他们走过马车夫的家门口时，正好被马车夫贤惠的妻子看见。晚上回到家里，马车夫的妻子说：“宴婴身高不足六尺，当了宰相，名闻天下，却毫不张扬，一副为人谦虚的样子，一点也不自满。而你身高八尺，当了人家的马车夫，却表现得十分骄傲，我看你也只能做个马车夫，做不成大事，我真替你难为情。”妻子的话使马车夫很受感动，从此表现得十分谦虚和蔼起来，做事也稳重老成多了，与以前相比判若两人。宴婴感到奇怪，问起原因，马车夫把妻子的话一五一十地告诉宴婴，宴婴很是惊讶，自言自语道：“真是一个贤惠的好内助呀!”马车夫听到劝谏能马上改过，非常可贵。后来宴婴提升他做了官。此事在民间传开后，大家都说马车夫升官是妻子帮助的结果。后来，人们便加以引申，把那些能帮助丈夫事业有成或有助于丈夫事业发展的妻子称其为“贤内助”。

作为现代女性，怎样做一名真正的“贤内助”呢？既被老公宠爱，又被老公信任，在外小鸟伊人一样陪伴老公，在家又可以给老公出谋划则，这样的妻子，我们说这才是真正的高段位的女人。

有一个女人的成功经验，很值得大家分享。

小琴是一名普通的小学教师，是某县唯一一所省重点高中现任校长的妻子。她和丈夫多年来，可以说是相互扶持，相敬如宾。在平时的生活中，小琴总是告诫自己，要尽自己最大的努力来支持丈夫的工作，自觉做到不该问的不问，不该说的不说，用特殊的爱关心理解丈夫的工作。特别是阅读到《创建廉洁家庭——家庭助廉教育读本》这本书时，更坚定了她要做一名好妻子，做一名“监督员”，做一个名副其实的“贤内助”的信心。

好妻子是丈夫的贤内助，能和丈夫分担忧愁，共度难关。好妻子是一个男人顺应历史潮流向前挺进的人生伴侣，也是大是大非的十字路口忠诚的向导和温柔的同路人。

在2000年，小琴的爱人被提拔到校长岗位上来。记得在他走马上任之初，他们俩做了一次推心置腹地交谈。决定共同遵守和严格执行廉洁家庭“五不”、“五要”行为公约。做到“五不”：不以职权，谋取私利；不用公款，举家消费；不借其名，托人办事；不涉其政，混淆视听；不沾陋习，禁赌拒贿。坚持“五要”：要勤奋工作，耐得住寂寞；要守得住清贫；要经得起诱惑；要勤俭持家；要为家庭和单位树起廉洁从政，廉洁从教的好榜样。

自古夫贵妻荣。丈夫的权力地位往往会给妻子带来莫大的优越感。但是小琴常常挂在嘴边的一句话便是：当官是暂时的，做人是一辈子的。丈夫的权力是组织给的，要为学校，为教育多干事，办实事，而绝不能为自己谋私利。因此，因此她坚决遵守夫妻之间的“五不”和“五要”公约。始终以一名普通教师的身份要求自己，做自己该做的事，管自己该管的事。平时家里的事绝不让丈夫分心，家里的活不让丈夫伸手，工作上的事不让丈夫操心。

小琴平时从不与人攀比，以一颗平常心保持谦虚谨慎的处事态度待人接物。以至于调进学校的新教师听说她是县唯一一所重点高中校长的妻子，起初都不相信，但慢慢的他们都把小琴当作朋友看待。小琴不仅在家庭中做了一名称职的“监督员”和“贤内助”，而走出家庭她也同样拥有一片蓝天。

现代女性，如果要想成为一个合格的“贤内助”，明确以下几点很重要：首先不必永远为对方着想。许多女人以为只要在家里对丈夫礼貌、体贴、服务周到，以为不让丈夫讨厌，就是个好妻子，于是便无休止地这样做下去。然而事实恰恰相反，久而久之，丈夫一定会厌烦。时时事事为对方着想，总是克制自己的需要、欲望，然后一一地牺牲，这实际上是不知不觉地让对方负疚。女人不必总是顾及别人，而是大胆地做你认为应该做的事。

同时也要学会知足常乐。女性大多是理想主义者，常常把想像当希望、当现实。妻子心目中的丈夫都是“白马王子”，殊不知，过高的希望常常带来更大的失望，于是女主人总是不满意，总感到现实不如想像的好，处于这种心态的女人很难成为好的" 贤内助”。只有把期望值降下来，学会知足常乐，才能成为一个快乐、自信的“贤内助”。

另外要学会成为丈夫最理想的合作者。不管怎么说，做妻子的一方如果一味做出牺牲，就等于潜伏下了与丈夫思想上拉大距离的危险，甚至会导致双方的感情破裂。因此，在对待有事业心的丈夫时，你不可单单强调家务、生活等方面的辅助，更多的应是把丈夫的事业视作自己的事业，并参与其中，共同追求。让自己成为丈夫最理想的合作者。这样的妻子在丈夫事业向前迈进的时候，是永远也不会被遗落在背后的。

当然也要想办法填补自己的空闲时间。丈夫经常出差，或者干脆在公司里不归家，他不能像以往那样有很多的时间陪你，或是与你一并去参加社交活动。遇此情况，你就要学会劝诫自己“丈夫是为了自己才这么拼命干活的”。同时最好能想办法填补自己的空闲时间：可以尝试做些你以前没有做过的事，也可以邀几位女友在家里聚会，或者去自修你所感兴趣的某些课程，以此来填补因丈夫不在家里有可能产生的空虚与寂寞。

更要重点提醒女性朋友的是，不要排斥掉自己婚前的一切。很多时候，男人有更广泛的兴趣，更注重对外部世界的关注，更多一点探索与冒险精神；而女人一旦结了婚，往往会情不自禁地囿于爱情与家庭，并与过去的朋友明显地疏远了，这只能使生活一天天地平淡、贫乏、平庸。所以，女人结了婚，千万不要排斥掉自己婚前的一切，更不要丢掉自己结婚前的那些朋友。而应该保持自己的情趣、保持自己的爱好，保持自己的社交活动，保持自己除爱情以外的一切感情联系，才能不断地丰富自己、更新自己、完善自己。

某些时候要给予丈夫贴心的关怀和帮助。男人有时候是很脆弱的，尤其是当他陷入矛盾，遇到困惑，遭遇挫折时，更需要有一个温暖的家，一个体贴的妻子！因此，女人要细心观察、研究丈夫的情绪变化，在他们最需要的时候给予最恰当的帮助和最贴心的关怀，才有利于塑造美满的家庭，你的丈夫才会取得更大的成功。

女人也要懂得装扮自己。很多女人结婚后，尤其在生完小孩，逐渐进入中年以后，开始变得邋遢、懒散、不修边幅。这样的女人往往有如下心理：一是“保险箱“心理，以为“革命“到头，可以马放南山了，所以衣着随便，不再注意修饰。二是懈怠心理。就是不再“严格要求自己”，一切马马虎虎，得过且过。“爱美之心人皆有之”，当一个男人因为事业筋疲力尽时，是希望看到一个善解人意，楚楚动人、富有青春活力的女人，还是希望看到整天忙于家庭琐事，不修边幅的家庭主妇呢？答案是可想而知的。因此，无论任何时候，女人都要懂得装扮自己，提升自己，要让你的丈夫依然宠爱你。

最后要给女性朋友的一个忠告是，不要一味地“逼夫成龙“。有些女人往往有很强的虚荣心，所谓“夫荣妻贵”；此外，她们往往还有很强的依附心理，所谓“只有藤缠树，哪有树缠藤”。为了满足她们的虚荣心和依赖性，她们不惜给丈夫施加各种压力。当然，鼓励丈夫发奋图强并没有错，但是，如果不根据实际情况，制造压力，可能会适得其反。当然了，作为女性我们也要有要有足够的信心。

夫妻间的感情必须建立在相互信任、相互尊重、相互了解的基础上，而猜疑恰恰违背了这些原则，它是夫妻真挚情感的杀手。婚姻中倘若有了猜疑，悲剧便会产生，生活中这样的事例已发生了许多许多。所以，你不要总是猜疑自己的丈夫，更不必杞人忧天害怕自己会被遗弃，而要对婚姻有持久的足够的信心。如果，你觉得自己受了委屈，被丈夫忽略，不妨开诚布公跟丈夫聊一聊自己的看法和想法。这样的话，既可以解决事情又可以免生那么多的误会和不了解。

让吵架也为感情增温

常常我们认为会跟一个人吵架一定是跟他感情不好，其实不然，最容易跟家人吵架，最会跟好朋友吵架。

想一想，原来最常跟我们有争执的人竟然都是跟我们最亲密的人，而能够跟我们发生争执的人也对我们有一定的了解，所以有人常说吵架也是一种沟通而愿意跟你吵架的人，才是真正想了解你的人。

有时候我们与人发生争执时会说“算了”或者“不说了”这两句话其实都是杀伤力很强的话，代表着你不想把你的想法跟他说，不想让对方了解你，也代表你们的感情会停留在原地。

有时两个人争执，忽然听到了一句话“我是为你好”，会让人百感交集。在感情的世界里，每个人都很自私，有人常会对你说“我是为你好”，这其实是很不负责任的说法，因为我们会把自己的观念加诸在别人身上，为他人决定一些事，但是再想想，对对方来说，我的方法真的好吗？

你为他决定了事情，但是要负责的人却是他，这是很不公平的，唯有他自己才能决定什么是对自己最好，若是错误的决定也才不会有埋怨，也才能对自己负责。“通常愿意留下来跟你争吵的人，才是真正爱你的人。”之前听到陶子在节目中说了一句话“每个人天生就不一样”这句话可以让女人领悟到很多事。

因为不一样，自然而然每个人所看的所想的也不会相同，不要怪别人不够懂你。换个立场，其实我们也不敢说自己有多了解他人。无声才是两人之间无形的、最远的距离。

若能从吵架中表达出自己的想法，总比大家把话闷在心里都不说出来的好，但千万要避免在冲动时说出伤害对方的言语有些话一旦说出口就很难收回了。恋爱中多数人都会吵架，不论是鸡毛蒜皮，还是原则性问题，这样的感情纠葛往往影响我们正常的情感生活。矛盾的产生也不是偶然的，它是一种延续性的递增，把很多琐碎的问题进一步的加深，从而形成一个严峻的事实，让我们无法回避，因而让彼此因为这样的问题而争执和冲突。

毕竟吵了才知道自己的不足，更会让自己有机会得到反省的机会，这样有助于彼此了解，矫正自己的失误之处，增进双方感情向正确的方向发展。老话说的好——吵架是小可怡情、大可解患，把问题消灭在萌芽状态下，是最佳的办法，也是比较理性对待感情的方式。吵架并不可怕，关键是要懂得吵架的好处，而不是把什么弊病都归结于对方，我们每个人都不是完人，谁能没有错误和缺点啊，所以正确地看待自己和所爱的人，并树立良好的心态才是关键。吵架就是心态和心理上的失衡才导致了吵地一塌糊涂，并不是吵架自身存在着问题，而是我们自己不能正视自己的问题，喜欢把错都推脱和归咎于对方，但相对的来说至少有一方拿出点姿态谦卑点就便于后边的处理，所以吵架还是有好处的。

吵架也是一门学问，有的时候能够平衡两者之间的不同，让以后的日子相处更加轻松自在，但如果是没有节制的话，很可能会给两个人的心上留下无法愈合的伤疤。

做智慧妻子必看的8条妙招

做个智慧妻子，当你找到了自己的心上人，和他双双走进了围城的大门，你一定不希望和他只是暂时的相亲相爱，你一定不愿意看到他关心上别的女人，你一定不希望他最后要离你而去。

那么，你要学会做个智慧的女人。

一．和老公的家人处理好关系。如果你和他们的关系融洽，在很多时候你会占“便宜”。在你们吵架的时候，他们会“无私”的向你倾斜。

二．特别要和婆婆处理好关系。你的婆婆很可能就是你老公心目中最完美最爱的女人，在家庭琐事上，家务处理方面，持家理财方面，总之在女人该尽的“职责”方面，你的老公会自觉不自觉的拿你和他的母亲相比。如果你和婆婆关系处理不好，不仅让老公里外为难，还会让他真的失望和伤心。这好比一把看不见的杀人匕首，会不知不觉的杀掉你们的恩爱。和婆婆相处有一条“原则”不能破坏：永远不要在她面前递上你老公的状子，因为你永远不会被理解，儿子再有不是，在老人的眼里也永远是最好的。遇到开明的婆婆会很智慧的给你回答，遇到小心眼的婆婆会给你记上一笔小账，老担心你“坑”了他的儿子，遇到厉害的婆婆她会和你大吵大闹，不依不饶。

三．摆正老公和朋友之间的关系。他把你娶回家后，如果感到失去了他的朋友，那一定会对你很失望。你不妨“放他一马”，等他和朋友疯狂玩够了会自觉的回到你的身边的。如果可能，你尽量和他们一起掺和，既可以对老公更了解，也可以做到不“放任自流”。如果老公某天“良心发现”，冷落了你，他会对你更好。

四．给老公留个小金库。可能有人不同意我的说法。其实应该是很好的做法。想想吧，你的老公人前人后都要伸手向你“要钱”花，男人的“体面”和“尊严”哪里放？如果你的老公是这样的，那他应该是没有出息的！你可能担心老公“有钱就变坏”，其实这个担心完全没有必要。真到那个份上，没有钱的老公照样也会变坏”。没准背地里还会存了更多更大的小金库你也未可知呢。真有那天，我们也只好用“命里有时终须有，命里无时莫强求”来安慰自己，理智的和他说一句“再见”！

五．不要过多的干涉老公的工作。如果他主动和你谈起，一定是很为难的时候，你最好做个好的听众，在很有把握的时候再说出自己的建议。如果有事没事问老公的工作怎么样，他会很反感，觉得家和办公室没有两样了。看似是关心他，其实是适得其反了。

六．不要做唠叨的女人。大凡小事，女人千万不要喋喋不休。你的所有魅力和品味都会被你的“三寸不烂”之舍扫荡得荡然无存的。记住“智慧的女人绝对不会是个爱唠叨的女人”。

七．要经常的“赏识”你的老公。其实老公经常和孩子一样。你要经常的用赞扬的和仰慕的眼光来看他。让他感到他在你眼里永远还是那个你爱的、钟情的心上人。让他永远从你这里得到支持和鼓励，去开拓你们的未来。

八．不要对老公说“我离开你照样过”。不错，现在谁离了谁地球也照样转。但你的老公听了会很伤心，很难过。他会觉得你不再需要他的保护，不再需要他的爱，你不再爱他了。

第九章

透析女人家庭弱点，贤妻良母可以“养成”

“她的心里只有孩子!”“我成了这个家庭中最不重要的一部分!”“我是孩子的陪衬”许多丈夫在享受了当爸爸的愉快以后，往往开始对这样的三人家庭组合产生了不适应……

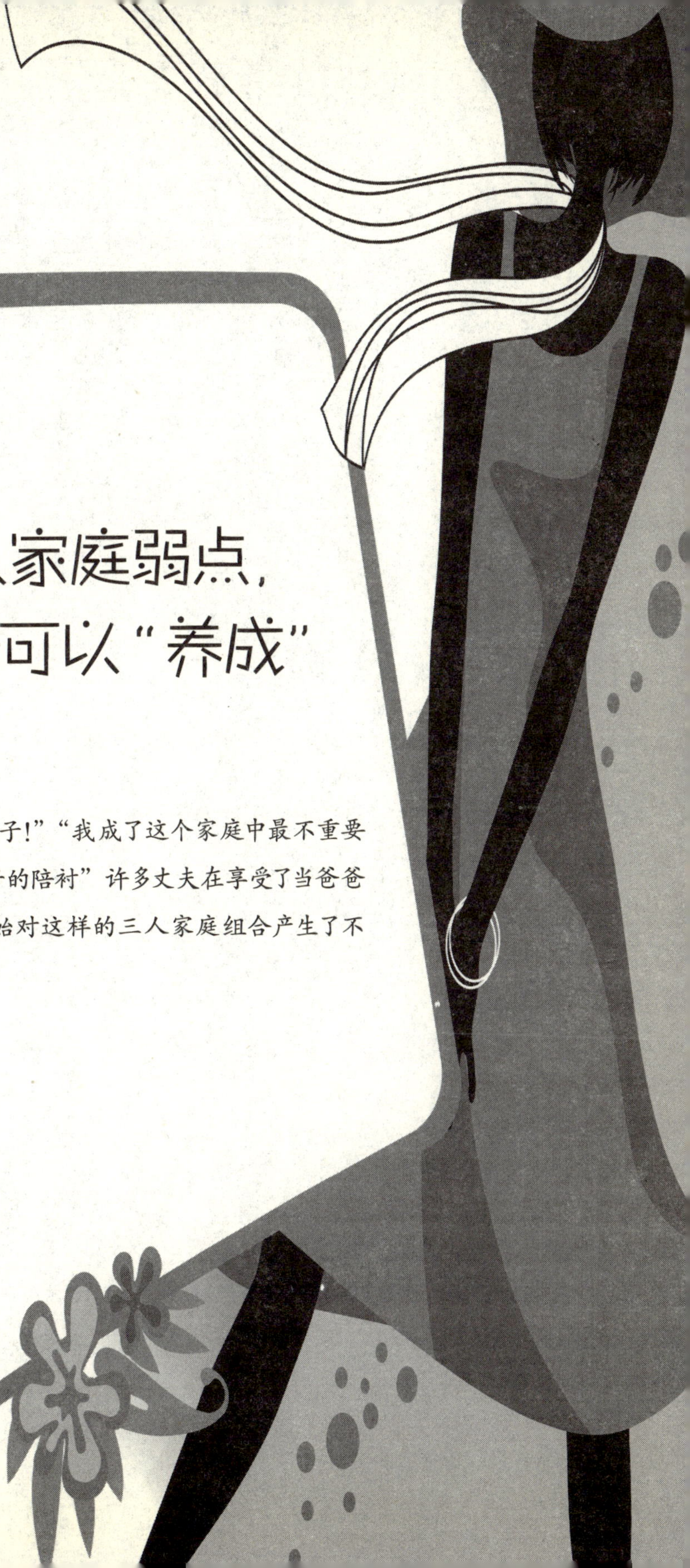

婚后形象也非常重要

常常看到一些结了婚的女人，不用讲究穿着打扮。其实不然。

哪一个老公会喜欢一个一套睡衣满街跑的老婆？常常看到有些女人甚至连买菜、逛街都穿着睡衣的，女人生来除了扮靓自己其实也在扮靓老公的世界，一个好老婆应该懂得淡妆浓抹，知道什么场合穿什么衣，不漂亮没关系，但一定得庄重得体啊！如果你时常淑女裙下一双旅游鞋，运动裤下一双高跟鞋，脱了丝的长统袜还要再穿，这样不仅扫了丈夫的兴，拆了丈夫的台，使丈夫常常颜面丢尽，而且自己的形象和口碑也会因此丢尽。

一个人的装束不仅是给自己的，也是给家人的，特别是婚后的女人们，为了老公，也为了我们的家人，给他们一个好的形象吧。

很多人感慨：不管相爱时有多疯狂，多热烈，多冲动，一旦进入婚姻，一些互不能容忍的生活细节，就可能会诱发摩擦和碰撞，久而久之，婚姻往往会蒙上灰色。

事实上，婚后的女性随着角色以及心理上的转位，须承担起面对一个家庭的责任。在此阶段，不能再是一味地发展自己的个性，而是应该尽量地得到丈夫和公婆，包括以后孩子的认同，力争做一个温柔，贤惠，善于持家的好妻子，好媳妇和好母亲。简言之，就是婚后的女性必须注意重新塑造自己的形象。

塑造形象应注意：

1. 有主见，但支配欲不宜过强

在持家过程中，遇到问题要与丈夫沟通和商量，尊重丈夫的意见，同时又不失自己的主见。但不排除两人意见不一的情况，此时，不宜各持己见，千万不能只有你一个人说了算。那种遇到丈夫违背己见，不是大吵大闹就是冷若冰霜，甚至以女人特有的手段来控制丈夫的做法，只会造成家庭气氛的紧张。

2. 对己应有合适的评价，而非感觉过好

女性的容貌。职业。学历。娘家的家境，甚至出生的地域，都会是骄傲的资本，但这些资本在婚后应当尽量的淡化，而不应动不动放在嘴上。有些女性平时习惯于受捧，喜欢听好话，非常自我。如婚后继续如此，会搞得丈夫始终处于心理下位。感觉不应付你不行，只能处处哄着你，让着你。然而，现实生活中不可能事事顺心，总有一天丈夫无法顺从你，于是你就会心态失衡。非但自己不愉快，丈夫也会疲劳不堪。久而久之，会促使他到外面去寻找安慰和同情。

3. 谦恭不自卑，自尊不过度

女性的美德除了温柔以外，还需要有博学和大度，过于矜持和过于自尊不宜用在家庭生活上，以至产生抗男性的冷漠心理。好比有的女人热情不轻易流露，处处保持正统女人的防范姿态，一脸的严肃，一身的刚性，让男性望而生畏，包括丈夫在内，同样感到深不可测，遥不可及。可想而知，其家庭生活是不会温馨的。

4. 具有宽容的肚量，力戒嫉妒心理

夫妻间应该是以信任为本。有嫉妒心的妻子首先是“不自信”，其次是“不放心”，再者，是充满了“占有欲”，往往表现为不允许丈夫与其他女性交往，偷查丈夫的手机和信件，甚至向外人打听丈夫在外有无与异性接触的事实。一旦发现了所谓的“蛛丝马迹”，则进入无休止的盘问环节，以至无事生事，搅得丈夫心绪不宁，给婚姻亮起了红灯。

5. 保持心态平和，丢掉虚荣心

直面人生，接受现实，调整心态，正确处理精神享受与物质拥有的关系。一个女人虚荣心太强，攀比心理膨胀，家就有不安全感。虚荣心是无止境的，比物质享受永远没有底。丈夫为了赚钱疲于奔波，为了满足妻子的欲望，有人一不留神就犯了错。有些女性说：我不靠丈夫自己赚，结果打几份工透支健康，甚至不惜干有悖道德规范的行为，更有甚者在物欲无法满足的情况下，和其他男人幽会，填补空虚以求满足。这样的行为为家庭投下了阴影。

倘若你能注意到以上这些细节，并努力加以实施，修正和塑造，那么你的婚姻生活将一定会越来越幸福，美满和甜蜜。

有家的女人不能放任“自我”

在家庭生活中，如果一个女人总是自以为是。别人的好心好言，不仅不听而且总是怀疑别人不怀好意，一心只从自己的角度考虑问题，只相信自己的判断，这样的女人，是属于过于自我中心的。

有一个女孩，她的经历实在是让很多人扼腕叹息。

阿琼是一位家境不错、长相清秀的女孩，在念大学时，就受到很多男生的欢迎，可是阿琼一个都看不上，总认为，这些男孩和自己显赫的家世不搭，很多闺蜜也给她介绍了不少男朋友，可是阿琼总觉得他们配不上自己。虽然大家给她做了不少工作，可是阿琼的固执让她在毕业很多年以后还是独自一人。

阿琼毕业那一年，刚好赶上经济危机，工作很难找，许多同学都放弃自己原来的待遇要求，到小城市工作或是拿较为低的薪水，可是阿琼却不干，她认为自己念了大学，就应该得到相应的回报，至于所谓的大环境，她认为不在自己的考虑范围之内。于是找工作也频频受挫。于是，在很多同学有了两三年工作经历以后，阿琼还是在家里做“啃老族”。很多亲朋好友都给她做工作，说不要眼高手低，不要只见眼前利益，可是阿琼不仅不听，还认为这些劝说她的亲朋好友居心叵测。于是不仅不接受这些关心她的人的意见，反而态度非恶劣，所以慢慢大家都不愿意再跟她聊这个话题了。

时间不等人，阿琼在一次聚会中认识了一个大她好多岁的男人，开始把他当作了自己的感情追求，开始跟这个男人谈恋爱，这个时候，阿琼的父母开始干涉她的感情生活，因为父母认为这个男人没有学历文凭，也缺乏一技之长，最重要的是他也没有什么责任心。面对父母的反对，阿琼非常生气，以不跟父母讲话，离家出走等方式反抗，最后她的父母屈服了，阿琼嫁给了这个男人。她的婚礼非常简单，因为实在所有的亲朋都不看好这一段婚事。阿琼没有反省为什么大家都对她的婚事持这样的态度，反而把责任都推到别人的身上，只是单纯认为错的都是别人，

几年以后，丈夫感情出轨，阿琼遭受毒打，当她牵着三岁的孩子，在大街上无处可去时，她开始幡然醒悟，痛哭流涕。

阿琼的遭遇告诉我们，作为一个女人，千万不可以太自我中心，不要一味反对或是拒绝别人的意见，否则很容易被生活所教训。

优秀女人是出得厅堂下得厨房

撒切尔夫人任首相时，家里从来没有请过保姆。只要她晚上没有国务活动，总是在6点钟之前赶回家里，忙着给丈夫和孩子做晚餐。撒切尔夫人的这种家居角色恐怕是许多人都想不到的。

在事业上取得了骄人成就的女强人在家庭中还能将妻子、母亲的角色扮演得这么到位，的确让人可敬可叹。

这大概是最典型的优秀女人“出得厅堂下得厨房”的写照了。

“出得厅堂下得厨房”是一种比喻。出得厅堂，并不是指女人一定要貌美如花，而是指女人在工作中比较能干，有不错的业绩。下得厨房，并不是指女人一定要下厨房做饭，而是指女人在家中也很能干，能够把家里打理得井井有条。

人类告别母系社会后，男人一直居于社会的主导地位。“男主外，女主内”成为几千年来男女的社会角色定位。这样的社会角色定位培育了男人战略型、开拓型的智力结构。培育了女人管理型、执行型的智力结构。相比较而言，男人更长于战略规划与资源开拓。女人则更长于管理和执行。

事实上，绝大多数取得不错业绩的女性成功的主要因素都是管理与

执行。

女人这样的特点决定了一个女人在居家生活中很容易成为主要角色。她如果具有较优秀的管理能力和执行能力，则一定会将家里管理的井井有条。这样的女人，如果在工作中有机会，则一定会展现出她优秀的管理能力，从而取得不错的业绩。至于那些下不得厨房的女人，由于她在管理和执行能力方面的欠缺，自然也就难以取得很好的工作业绩，出不得厅堂了。

撒切尔夫人任首相时，家里从来没有请过保姆。只要她晚上没有国务活动，总是在六点钟之前赶回家里，忙着给丈夫和孩子做晚餐。撒切尔夫人的这种家居角色恐怕是许多人都想不到的。

对孩子的欣赏和肯定不可少

家长们就像关注孩子身体的成长一样关注孩子心灵的成长：第一要充分赞赏和肯定孩子；第二是给孩子自由发展的天空；第三是培养孩子丰富的情感；第四是学会宽容，允许孩子犯错误；第五是放飞孩子的梦想。

当孩子没有达到自己要求的程度时，要学会安慰、肯定和鼓励孩子，告诉孩子可以慢慢来，每个人都会有做得不好的地方，只要努力就会成功；而不是采取讽刺挖苦甚至体罚的方式来刺激孩子，那样很容易让孩子失去自信。

鲁鲁上幼儿园中班，他有一个外号叫“惹祸精”，老师或其他小朋友家长经常向他的爸爸妈妈告状。

“你儿子今天拿了小朋友的东西不还！”

“你儿子今天把我儿子的鼻子打破了！”

“你儿子今天拽我女儿的辫子！”

妈妈一开始还比较耐心，觉得是孩子小，不懂事，但在总是接到告状的电话后，妈妈有点沉不住气了。

又一次，妈妈接到老师的电话："鲁鲁把一个小朋友的头打破了，请你尽快赶到人民医院。"

从医院回来，鲁鲁看到妈妈很生气，主动道歉："对不起，妈妈，是我不小心。"

"都打架了，还不小心啊！天天都不小心，别人怎么不打架?"

鲁鲁开始流泪了，说："妈妈，我真的是不小心。"

孩子的交往能力和技巧是一个逐渐发展的过程，需要在与同伴的交往中逐渐学习获得。在这个发展过程中，每个孩子都会有自己的方式，有的孩子可能先学会妥协，有的孩子可能先学会攻击，但这都不是固定的，他们都还会逐渐学会更多的方式，并且也会逐渐学会适当地应用这些技巧和方式。因此，父母不要将孩子初期的交往方式视为长久的方式，也不必过于担心、过多干预。

当孩子在交往中有不当行为时，家长需要用理性控制自己的负面情绪，过多的干预，往往会阻碍孩子的探索、学习和发展。

多年前，有一名小学老师叫汤普森夫人。开学第一天，她站在5年级全班学生面前，对孩子们撒了一个慌。像大多数老师一样，她看着同学们，说她会一视同仁地爱他们每一个人。

但这是不可能的，因为前排座位上就坐着个萎靡不振的小男孩，他叫特迪·斯托达德。汤普森夫人去年就开始留意特迪，发觉他不大和其他孩子玩耍，衣衫不整，身上总是很脏，而且，特迪还不讨人喜欢。

汤普森夫人甚至喜欢上用粗红笔在特迪的考卷上打上一把把大叉，并在卷子上方写个大大的"F"。汤普森夫人执教的学校要求老师阅览每个孩子的档案，她把特迪的放在最后才看。

可是，当她翻阅特迪的档案时，不禁大吃一惊。特迪一年级老师的评语是："特迪是一个聪明的孩子，笑口常开，作业工整，礼貌待人……与他在一起很开心。"

2年级老师的评语是："特迪是个优秀的学生，同学们都很喜欢他。但是，他母亲得了绝症，他很苦恼。家里生活肯定也很艰难。”

3 年级老师的评语是：“他母亲去世对他打击很大。尽管他试图努力表现，但他父亲不大理会。如果听之任之，家庭问题很快会影响到他的学业。”

4 年级老师的评语是：“特迪性格孤僻，有厌学情绪。他朋友不多，有时候上课打瞌睡。”

看到这里，汤普森夫人明白了问题所在，她为自己感到羞愧。当同学们送给她圣诞礼物时，她更无地自容了。礼物都用漂亮的包装纸包着，扎着美丽的彩带，惟有特迪的例外。他的礼物是用杂货袋上弄下来的厚厚的棕色纸粗陋地包着。

在一堆礼物中间，汤普森夫人耐心地拆开了特迪送的礼物。当她看到里面放的是一串少了珠子的莱茵石手镯，还有 1/4 瓶香水的时候，有些孩子开始笑出声来。汤普森夫人制止了孩子们的嘲笑，并大声赞叹手镯是多么漂亮。她戴上手镯，还在手腕处喷了点儿香水。那天放学以后，特迪·斯托达德留下来对汤普森夫人说：“汤普森夫人，您今天身上的味道像我妈妈。”

孩子们走后，她哭了至少 1 个小时。也从那天起，她不再单纯教阅读、写作和算术，而开始教孩子们如何做人。

汤普森夫人特别关照特迪。在她的悉心教导下，他的思维似乎变得敏捷起来。她越鼓励他，他的反应就越快。到了年底，特迪已在全班名列前茅。

一年后，汤普森夫人发现门下有张特迪写来的便条，说她仍然是他碰到的最好的老师。

又过了 6 年，她又收到了特迪的短笺，说他以全班第 3 名的成绩高中毕业，而她仍然是他遇见的最好的老师。

又过了 4 年，她有收到特迪的来信，说他很快就要以优异的成绩从大学毕业。又一个 4 年，又来了一封信。这次他解释到，拿到学士学位后，他继续深造去了。他在这封信中说明，她依然是他一生中最好、最喜欢的老师。不过，这次他的署名长了一点，信的落款是：西奥多·F·斯托达德医学博士。

故事并没有就此结束。你瞧，那年春天，又来了一封信。特迪在信上说，他交了女友，俩人就要结婚了。他解释说，他爸爸几年前就去世了，所以他想知道在他们的婚礼上，汤普森夫人是否愿意做在婆婆的位子上。汤普森夫人当然愿意了。

婚礼上，他们互相拥抱，斯托达德博士对汤普森夫人耳语道："汤普森夫人，谢谢您对我的信任。非常感谢您对我的重视，是您让我明白了自己的价值。"

汤普森夫人热泪盈眶，低声答道："特迪，你搞错了。是你让我明白自己可以有所作为。在遇到你以后，我才知道怎么样教育孩子。

把孩子和丈夫放在同等重要的位置

"孩子"与"工作"是两个不同性质的问题，虽然不少人的婚姻关系里同时有这两个问题存在：妻子为了孩子而忽略了与丈夫的关系，而夫夫则因为工作态忙疏远了妻子。

很多夫妻对一纸婚书有很错误的理解。他们以为这张纸有些神奇力量，会把两夫妻的感情自动维持和增进。或者这张纸会代他们解决欠缺沟通、没有共同兴趣、缺乏协调和合作的问题。不，婚姻证书只是一张纸，它的存在价值只是让他俩有个合法地位，让其他人知道他俩是夫妻而已。这张纸对他们两个，尤其是对他俩的感情关系，没有什么实质的作用。如果他俩不做点事显出两人都在乎这份感情关系，婚前婚后都是同样的失败结果。

首先说说"孩子"。很多妻子，有了孩子后便把孩子作为最重要的事，而把与丈夫的关系放淡了。这其实是多了个孩子、少了个丈夫。丈夫那边常常也是一样：多了个孩子，便没有了妻子。或许第三者因而出现，或许夫妻间的冷漠或争吵发展到无话可说，丈夫提出分手。从小便受到教诲，尽职尽责地做妻子和母亲的女士，就是这样悲惨地让孩子掘了自己婚姻的坟墓。她们会被长辈和大部分的外人赞美和同情，但对她来说，婚姻还是失败，她会带着失望生活，没有快乐的余生。

从家庭系统的原则看，夫妻间的关系比他们跟孩子的关系更为重要。夫妻是一个系统，孩子是后来加入的，因此在这个系统里的地位（重要性）比父母两人的低。孩子成长得好或不好，与父母之间的和谐程度有很大的关系。这是说：就算孩子对做妻子的很重要，若妻子没有了与丈夫良好的和谐关系，她的母亲角色不会做得成功。

孩子长大成人后，便会离开父母的系统去建立自己的系统（家庭）。他的心中当然还有父母存在，但是，他自己的家庭，即他的配偶与孩子，会更为重要。这是说，从家庭系统的理论看，新的系统比旧的系统更享有优先权。这也许不完全符合我们传统的伦理道德观念，但却是人类进化发展至今天的实际法则：年幼的一代比老年的更有生存的优先权，这个种族才更有可能延续下去。他的父母，应该维持自己两人的系统，这个才是他俩所属的系统。他们可以保持与孩子的联系，同时保持自己两人的亲密关系。这才是最健康的社会发展情况。（关于这一点，在这一章的“家中的老人使我们的关系紧张”中有更详细的讨论。）

生孩子的计划应该是夫妻两人共同讨论、一致同意的重大决定。无论怎样，有了孩子，养育孩子的责任也应由双方共同承担，不应只由太太一人负责。如果两人尚未有做父母的决心和能力，便不应该生孩子。而既然有了孩子，则两人需共同面对和承担。这样的态度，使孩子的出现让父母的关系更紧密，孩子便无需承担父母因为他而分离的罪过了。如果孩子心里有这种想法，他一生都会有很大的心理障碍，不能充分地发挥他的潜能，成功快乐地生活。

因为过分把注意力放在孩子身上而导致与丈夫不和或离婚的女人，会把孩子当做自己的丈夫，孩子成长年的婚姻生活不会成功。她会过多批评孩子的女友，与媳妇不和，或者抱怨孩子有老婆就不要妈妈。严重的甚至不让孩子结婚，或者指定孩子该娶的是怎么样的人，而就算孩子听话，她将来仍会对媳妇不满。其实，她心底已经把儿子当做自己生命里的男人，不容另一个女人与他争夺。

正确的态度：在一个家庭中，夫妻关系的重要性占51%，父母与孩子关系的重要性占49%。无论孩子怎么样，应始终坚持夫妻间亲密和谐的关系。父母帮助孩子成长，准备将来有一天会把他（她）放走，去建立他们的新系统。在那个时候，夫妻两人的系统还是自己安身和安心的天地。

学会做婆婆眼中的好媳妇

每个女人嫁给一个男人，实际上从内在上来说，并不是只嫁给了一个男人，而是嫁给了一个家庭。

很多女人说，爱一个男人，很简单，包容一个男人的缺点，看上去也不是那么难，但是要和这个男人的一家，好好相处，却不是一件容易得事情了。最让女人们头疼的矛盾是婆媳关系。很多女人埋怨和婆婆处不来，和婆婆之间有代沟，甚至很多女人在和与婆婆的“大战”中一败涂地，最后黯然退出了这个家庭，选择了离开自己喜欢的男人。

如果你喜欢这个男人，嫁给了他，那么就要学会接纳这个男人的家庭，要把自己融入这个新的家庭，和男人家的家人学会和睦相处，这是最为一个女人关键的一课。

很多女性朋友在出嫁之前，听信了长辈或是有过与婆婆相处有过失败经验的闺蜜的话，在还未嫁到男人家时，已经对未来的婆婆有了一种防范的心理，这种情况是对不好的，在相处的一开始，你就有了一种不愉快的背景，在日后的相处里，如果碰上了一点点小矛盾，在这样的背景下，小矛盾很容易长成巨大的不和谐。

其次，要相信真诚的沟通是可以解决问题的。很多女性朋友认为和婆婆的矛盾来自生活环境的不同。其实这并不是个无法跨越的鸿沟。首先真诚表达自己对某些事物的看法，坦诚告诉婆婆你的应对方法，同时也听听婆婆的意见，真诚的交流会换来和睦的相处。

还有的女性会抱怨婆婆有时候有些话说得难听，对于这个问题，女性朋友们要明白的一点是，婆婆说这样的话，其实有一个很好的潜台词，也就是说，你已经被当成一家人看了，你已经完成了出嫁中很重要的一环，你已经完全融入了这个家，不论你的接受程度，婆婆已经是把你作为这个家庭的一员了。对于婆婆讲的不好听的话，要学会选择性失聪失忆失语。这点是做人的圆滑之处，也是得饶人处且饶人的豁达。婆婆是长辈，也是你深爱的男人的母亲，和她斗气或是抛出同样伤人的话，是不理智的。我们的建议是，还是忍了吧，权当听不见。但是如果婆婆的话太伤你的自尊，或是有无中生有的地方，就要在争吵结束以后，和婆婆解释清楚，并且从正面告诉婆婆，刚才听了她的话，很是难过。我们相信，如果你有这样的涵养，婆婆的怒气也会在片刻间烟消云散的。

做一个成功的女人其中重要的一环，就是做一个好媳妇，做一个讨婆婆喜欢的儿媳妇。

有的时候，下班回来给婆婆买点零食，节假日和老公出去玩时，把婆婆带上，记住婆婆的生日，年节时记得给婆婆家买点物资，这些小小的举动，会让老人觉得亲切。

面对婆婆和丈夫之间的矛盾，作为一个聪明媳妇最好是不要插言，因为他们毕竟是母子，永远记孩子的仇的母亲很少，而永远记住母亲的不是的孩子，也更是少之又少。母子之间的过节，他们母子自会找到一个出口解决这个问题的。如果，作为媳妇的你掺和进去，有的时候，有些事情会变质，矛盾的出口可能就是你原本好心解决矛盾的一句话。

最重要的一点，和老公多交流，有的时候和婆婆的矛盾，让老公知道事情的原委，会有利于解决矛盾，打个小小的比方，如果是婆婆做事情有一点误差，作为媳妇的你来指出和要作为儿子的老公去提出，有时候的效果是大不一样的。但是需要提醒女性朋友的是，不要在老公面前言辞犀利的说婆婆的错误或是婆婆对自己的误解，要知道，你的老公是婆婆的儿子啊。就事论事，说完就好。不要人身攻击。在原则问题上，你可以坚持自己的意见。要求老公站在较为公平的基础上，解决这个问题。

当然，有一个好的态度来做媳妇，有一颗博爱的心来对待婆婆，有一片善良的感情来孝敬婆婆，每个女人都可以做得很好。要知道，对于一个家庭来说，对于一些亲人来说，和谐、和睦才是最好的，也是最值得珍惜的。

首要问题是理解、尊重婆婆，从心理上把婆婆当自己的亲妈妈。

你竟然爱你老公你要接受他的家人，婆婆从儿子出生到把他抚育成人，经历了千辛万苦，他们之间也形成了深厚的母子之情。儿子长大后，母亲既愿意孩子成家立业，又唯恐儿子只爱妻子，冷落了对自己的亲情不再孝敬，还怕儿媳“欺负”儿子，因此对儿媳有一种矛盾的心理，既欢迎又忧虑。对婆婆这种心理上的失落感，做儿媳的要有素质应予理解，从心理上接纳了婆婆，如果婆婆对你不好，你可以在面前做些事情触动她的心，她生病的时候关心照顾她，有时给她买点东西给她。互相关心这样婆媳融洽。最重的要宽容、体谅、理解、尊重婆婆，时间一长，婆婆也会消除疑虑，把你当成女儿。其实，孝敬婆婆也是对丈夫挚爱的表现。

其实女人做媳妇要技巧一些，你可以做双面人，到婆婆家你表现好点，勤劳点，帮婆娑做家务，让她老人家休息一下，婆婆他觉得这个儿媳好，再当婆婆的面不要随时骂老公，有什么事俩人到房间慢慢说。在家婆没在的时候，夫妻平等你可以叫老公做点家务都没关系，聪明的男人他会理解。

婆媳之间不要斤斤计较，有些婆婆老了唠叨些就耐心倾听老人的心里话，尽量让她说。媳妇以最大的耐心去倾听，何况，老人几十年的生活阅历，或多或少对年轻人是有启发的。诚意安慰法。如有时婆婆自己也觉得自己唠叨得太多了，就可说：“没关系，多讲几遍，小辈听着有好处。”婆婆见媳妇喜欢听她的话，心里高兴了，原有的烦闷消除了，唠叨乏味的话反而会减少。

人都是善良的，只要你有足够的耐心去挖掘他们的良心，那么，总有一天，她会接受你的善意。一家人这样和睦相处，触动她，做个好媳妇要你有足够坚强的善良，生活中没有相处不来的人的宽度，只有不能接受的事的尺度，做人需要眼光深邃，处事需要心灵仁慈。你就能接受生活给你的一切幸或不幸，做女人要淳朴、善良、勤劳、坚强、忍耐、温柔，还要文化修养、生活习惯、现代观念。

做女人就有这么难做，你在家是千金玉叶，你要做别人媳妇，要成为妻成为母，要相夫教子，尊重婆婆。这样一家人会其乐融融，婆娑喜欢你，老公更爱你，女人们尽量要做好媳妇吧。

巧妙处理妯娌的关系

有人说：“亲兄弟，仇妯娌。”这话并不正确，但确实说明在家庭关系中，最紧张最难处的恐怕就要数妯娌之间的矛盾。

这种矛盾必然要反映到兄弟关系和家庭关系中来。因此，帮助妯娌之间建立融洽关系，合情合理地解决好她们之间的矛盾，会有助于处理好兄弟关系和整个家庭关系。那么，为什么妯娌关系是容易紧张最难相处呢？其原因何在呢？

第一，互不了解，互有猜疑。由于妯娌之间不像兄弟姐妹那样从小生活在一起，感情基础不像兄弟姊妹那样深厚，互相之间的脾气、爱好、特长也不像兄弟姐妹那样互相了解，容易抱有戒心，产生猜疑。加之她们主持家务多，互相接触多，容易暴露放不到桌面上的思想，从而发生矛盾，产生磨擦。

第二，自私心理重，遇事爱计较。有人一当上媳妇，一迈进婆家的大门，首先想到的不是如何维持和发展这个大家庭，而是想如何早一点分家另过。她们常想：反正要分家，不能当傻瓜。于是，兄弟妯娌之间斤斤计较，公用东西不多办，食用东西不多买，能抠就抠，能拿就拿，光想占“大家”的便宜。有的妯娌唯恐自己吃亏、受气，处处事事都想占上风、一点都不肯让步。经常你嫌她干得少，她嫌你出钱不多；你说婆婆偏心眼，她说公公心眼偏；你骂她孩子缺教养，她骂你孩子缺根弦。一桩小事，就能唠唠叨叨没个完。甚至指桑骂槐，顶嘴吵架。互相之间矛盾套矛盾，变成了死疙瘩，最后确实无法生活在一起，只好分家。

要想改变上述妯娌之间的紧张状态，必须注意下列两点：

一是帮助妯娌之间建立深厚感情，恰当地解决好她们之间的矛盾。这就要当兄弟的多做工作，教育自己的爱人开阔胸怀，不要斤斤计较个人得失，正确对待妯娌之间容易产生矛盾的问题。比如，父母年老时，帮助儿媳们做一些力所能及的家务事和带养孩子，很难做到半斤八两一样平，在这种情况下，不应只顾自己，只算自己的小账，就去说三道四挑矛盾。又如，做父母的往往会对生活困难的儿媳帮助多一点，就应该理解父母的这种善良心肠，不要眼红，不要比平。此外，在兄弟分家时，对分配家产、供养父母及其他各种关系的处理，都要教育自己的爱人发扬风格，乐于吃亏。这样，妯娌之间的矛盾自然会减少，情感自然会融洽。

二是妯娌之间要将心比心互相体谅，要与人为善，多为对方着想。妯娌之间，贵在谦让。人都是有自尊心的，妯娌之间的自尊心则更强。如果都想讨便宜占上风，那就会出现针尖对麦芒的局面，必然会把关系搞僵。如果都能体谅谦让一些，事情就好办了。比如，家里的重活脏活要抢着干，遇到好事尽量让给对方。有了好吃的东西，不妨让对方多吃点，有了好衣料，宁肯自己不要也让给对方做，戏票、电影票少了，那就让对方去看，公婆为对方买啥给啥，不打听、不妒嫉，公婆为对方看孩子、送钱，不多嘴、不计较，等等。这不是软弱，而恰恰说明自己的风格高尚。俗话说、“人心换人心”，“你敬我一尺，我敬你一丈”。这样做，事情就好办了。特别是遇到爱计较的妯娌，如果一方主动热情相帮，双方关系也会逐渐得到改善的。我们听说有这样一对妯娌，原先相互之间有隔阂，特别是弟媳的意见很大，连兄嫂家的门坎都不跨。后来。弟媳生小孩的时候，兄嫂主动热情地去探望弟媳，帮助弟媳，亲自送到卫生院去，细心照料护理，还给弟媳送来好吃的，为胖侄子做了新衣服。弟媳感动了，原来的意见无形消失了。以后，她们成了一对远近称道的好妯娌、兄弟间的关系也随之更加亲密。

妯娌们从不同的家庭走进了一个家庭，她们的生活习惯，性格爱好等都不尽相同，有的甚至差距很大。但这不能成为彼此不好相处的理由。一个家庭也是一个小集体，大家都应该齐心协力维护这个小集体，一个心眼和睦过日子，把这个家建设成为友好温暖的小集体。这就需要妯娌们顾大局，讲风格，少猜疑，少计较，互相关心，互相尊重。做到是妯娌，又是姐妹，又是同志，和睦相处，友好相待。即使需要分家，也应该和和气气地分开，亲亲热热常来往。

妯娌之间的相处之道其实非常简单，那就是多沟通、多交流，将心比心。

谨记家丑不可外扬

如果要想过得长久，最好别在外面乱宣传家里的陈芝麻烂谷子，因为时间久了，别人会很看不起你，会觉得你很差劲，同时你的丈夫也会很美面子，势必要影响婚姻和家庭。

中国有句古话，叫做家丑不可外扬。对于一个女人来说是一种美德。可是有的女人却反其道而行之，家中如果发生了点儿什么事，就惟恐别人不知道。于是就到处讲，闹得沸沸扬扬。特别是如果家中发生了什么不愉快的事情，例如与丈夫争吵打架，就更激发她出去大讲特讲的兴致了。和丈夫吵架到处唠叨诉苦的女人是以此炫耀自己有个丈夫，证明她已不属于老处女的队伍。要么就是装作圣女贞德，讨伐丈夫的不好，以显示自己的伟大。你丈夫的好与不好，或者你们之间的好与不好是你们私人的事，与旁人何干？和丈夫吵架到处唠叨诉苦的女人有没有自虐倾向？在假想的压抑中抱怨好日子不属于她，其实，有好日子也给她弄碎弄扁了。

如果要想过得长久，最好别在外面乱宣传家里的陈芝麻烂谷子，因为时间久了，别人会很看不起你，会觉得你很差劲，同时你的丈夫也会很没面子，势必要影响婚姻和家庭。